Forschung und Praxis

Band 133

Berichte aus dem
Fraunhofer-Institut für Produktionstechnik
und Automatisierung (IPA), Stuttgart,
Fraunhofer-Institut für Arbeitswirtschaft
und Organisation (IAO), Stuttgart, und
Institut für Industrielle Fertigung und
Fabrikbetrieb der Universität Stuttgart

Herausgeber: H. J. Warnecke und H.-J. Bullinger

Joachim Schöninger

Planung taktzeitoptimierter flexibler Montagestationen

Mit 47 Abbildungen

Springer-Verlag
Berlin Heidelberg New York
London Paris Tokyo 1989

Dipl.-Ing. Joachim Schöninger

Fraunhofer-Institut für Produktionstechnik und Automatisierung (IPA), Stuttgart

Dr.-Ing. H. J. Warnecke

o. Professor an der Universität Stuttgart
Fraunhofer-Institut für Produktionstechnik und Automatisierung (IPA), Stuttgart

Dr.-Ing. habil. H.-J. Bullinger

o. Professor an der Universität Stuttgart
Fraunhofer-Institut für Arbeitswirtschaft und Organisation (IAO), Stuttgart

D 93

ISBN-13 : 978-3-540-50896-0   e-ISBN-13 : 978-3-642-83742-5
DOI : 10.1007 / 978-3-642-83742-5

Gesamtherstellung: Copydruck GmbH, Heimsheim
2362/3020—543210

<u>Geleitwort der Herausgeber</u>

Futuristische Bilder werden heute entworfen:

o Roboter bauen Roboter,

o Breitbandinformationssysteme transferieren riesige Datenmengen in
  Sekunden um die ganze Welt.

Von der "menschenleeren Fabrik" wird da gesprochen und vom "papierlo-
sen Büro". Wörtlich genommen muß man beides als Utopie bezeichnen,
aber der Entwicklungstrend geht sicher zur "automatischen Fertigung"
und zum "rechnerunterstützten Büro". Forschung bedarf der Perspektive,
Forschung benötigt aber auch die Rückkopplung zur Praxis - insbeson-
dere im Bereich der Produktionstechnik und der Arbeitswissenschaft.

Für eine Industriegesellschaft hat die Produktionstechnik eine Schlüs-
selstellung. Mechanisierung und Automatisierung haben es uns in den
letzten Jahren erlaubt, die Produktivität unserer Wirtschaft ständig
zu verbessern. In der Vergangenheit stand dabei die Leistungssteigerung
einzelner Maschinen und Verfahren im Vordergrund. Heute wissen wir, daß
wir das Zusammenspiel der verschiedenen Unternehmensbereiche stärker
beachten müssen. In der Fertigung selbst konzipieren wir flexible Fer-
tigungssysteme, die viele verkettete Einzelmaschinen beinhalten. Dort,
wo es Produkt und Produktionsprogramm zulassen, denken wir intensiv
über die Verknüpfung von Konstruktion, Arbeitsvorbereitung, Fertigung
und Qualitätskontrolle nach. Rechnerunterstützte Informationssysteme
helfen dabei und sollen zum CIM (Computer Integrated Manufacturing)
führen und CAD (Computer Aided Design) und CAM (Computer Aided Manufacturing) vereinen. Auch die Büroarbeit wird neu durchdacht und mit
Hilfe vernetzter Computersysteme teilweise automatisiert und mit den
anderen Unternehmensfunktionen verbunden. Information ist zu einem
Produktionsfaktor geworden, und die Art und Weise, wie man damit umgeht,
wird mit über den Unternehmenserfolg entscheiden.

Der Erfolg in unseren Unternehmen hängt auch in der Zukunft entscheidend von den dort arbeitenden Menschen ab. Rationalisierung und Automatisierung müssen deshalb im Zusammenhang mit Fragen der Arbeitsgestal-
tung betrieben werden, unter Berücksichtigung der Bedürfnisse der Mitarbeiter und unter Beachtung der erforderlichen Qualifikationen. Investitionen in Maschinen und Anlagen müssen deshalb in der Produktion wie
im Büro durch Investitionen in die Qualifikation der Mitarbeiter be-
gleitet werden. Bereits im Planungsstadium müssen Technik, Organisation
und Soziales integrativ betrachtet und mit gleichrangigen Gestaltungs-
zielen belegt werden.

Von wissenschaftlicher Seite muß dieses Bemühen durch die Entwicklung
von Methoden und Vorgehensweisen zur systematischen Analyse und Verbesserung des Systems Produktionsbetrieb einschließlich der erforderlichen Dienstleistungsfunktionen unterstützt werden. Die Ingenieure
sind hier gefordert, in enger Zusammenarbeit mit anderen Disziplinen,
z. B. der Informatik, der Wirtschaftswissenschaften und der Arbeitswissenschaft, Lösungen zu erarbeiten, die den veränderten Randbedingungen
Rechnung tragen.

Beispielhaft sei hier an den großen Bereich der Informationsverarbei-
tung im Betrieb erinnert, der von der Angebotserstellung über Konstruktion und Arbeitsvorbereitung, bis hin zur Fertigungssteuerung und Qualitätskontrolle reicht. Beim Materialfluß geht es um die richtige Aus-

wahl und den Einsatz von Fördermitteln sowie Anordnung und Ausstattung
von Lagern. Große Aufmerksamkeit wird in nächster Zukunft auch der
weiteren Automatisierung der Handhabung von Werkstücken und Werkzeu-
gen sowie der Montage von Produkten geschenkt werden.

Von der Forschung muß in diesem Zusammenhang ein Beitrag zum Einsatz
fortschrittlicher intelligenter Computersysteme erfolgen. Planungs-
prozesse müssen durch Softwaresysteme unterstützt und Arbeitsbedingun-
gen wissenschaftlich analysiert und neu gestaltet werden.

Die von den Herausgebern geleiteten Institute, das

- Institut für Industrielle Fertigung und Fabrikbetrieb der Universität
  Stuttgart (IFF),

- Fraunhofer-Institut für Produktionstechnik und Automatisierung (IPA),

- Fraunhofer-Institut für Arbeitswirtschaft und Organisation (IAO)

arbeiten in grundlegender und angewandter Forschung intensiv an den
oben aufgezeigten Entwicklungen mit. Die Ausstattung der Labors und
die Qualifikation der Mitarbeiter haben bereits in der Vergangenheit
zu Forschungsergebnissen geführt, die für die Praxis von großem
Wert waren. Zur Umsetzung gewonnener Erkenntnisse wird die Schriftenreihe "IPA-IAO - Forschung und Praxis" herausgegeben. Der vorliegende
Band setzt diese Reihe fort. Eine Übersicht über bisher erschienene
Titel wird am Schluß dieses Buches gegeben.

Dem Verfasser sei für die geleistete Arbeit gedankt, dem Springer-
Verlag für die Aufnahme dieser Schriftenreihe in seine Angebotspa-
lette und der Druckerei für saubere und zügige Ausführung. Möge das
Buch von der Fachwelt gut aufgenommen werden.

                              H. J. Warnecke · H.-J. Bullinger

<u>Vorwort</u>

Die vorliegende Arbeit entstand während meiner Tätigkeit als wissenschaftlicher Mitarbeiter am Fraunhofer-Institut für Produktionstechnik und Automatisierung (IPA), Stuttgart.

Mein besonderer Dank gilt dem Leiter des Instituts, Herrn Prof. Dr.-Ing. H.J. Warnecke, für seine großzügige Unterstützung und Förderung, die entscheidend zur erfolgreichen Durchführung dieser Arbeit beigetragen haben.

Herrn Prof. Dr.-Ing. G. Pritschow danke ich für die Übernahme des Mitberichts und für die vielen wertvollen Hinweise, die sich daraus ergaben.

Aus dem großen Kreis der Kolleginnen und Kollegen des Instituts, die mich durch ihre Mitarbeit und anregende Kritik unterstützt haben, möchte ich Dipl.-Ing. G. Fischer, Dipl.-Ing. J.C. Spingler, Dr.-Ing. M. Schweizer sowie Prof. Dr.-Ing. R. D. Schraft besonders erwähnen. Ihnen allen ebenso wie den Studenten, die an dieser Arbeit mitgewirkt haben, gilt mein besonderer Dank.

Karlsruhe, im Dezember 1988   Joachim Schöninger

Großbuchstaben

A_n	–	Anzahl Flächenelemente
AM	Nmm	maximales Anzugsdrehmoment
ANP	–	Anzahl Projekte
AV	–	Ablaufvariante
B	mm	Magazinbreite
BH	mm	Backenhub
CP	–	Bahnsteuerungsbetrieb
EF	–	Erfüllungsgrad
F_n	mm^2	Flächenelementsumme
FR	%	relative Fehlerangabe
FT	mm	Fügetoleranz
FW	mm	Fügeweg
G	–	Gewindegänge
GF	–	Gewichtungsfaktor
H	mm	Bandbreite
IR	–	Industrieroboter
K	%	Taktzeitabweichung
K_A	ms	Abklingzeit, Taktzeitkorrekturfaktor
K_S	ms	Satzvorbereitungszeit, Taktzeitkorrekturfaktor
$K_Ü$	–	Zeitersparnis beim Überschleifen, Taktzeitkorrekturfaktor
KP	DM	jährliche Systemkosten
KZ	%	kalkulatorischer Zinssatz
M	–	Montageposition
MA	–	Montageablauf
MS	–	Montagestation
MTM	–	motion time measurement
L	mm	Magazinlänge
LM	Nmm	Lastmoment
P	–	Anfahrposition
PK	DM	jährliche Planungskosten
PTP	–	Punkt zu Punkt – Betrieb

R	mm	Fügeort im Arbeitsraum (Abstand vom Aufstellungspunkt)
RTM	-	robot time measurement
SEK	DM	Systemeinführungskosten
SKP	DM	Systempflegekosten
SND	Jahr	Systemnutzungsdauer
TB	-	Teilebereitstellungskonzept
T_{be}	s	be - und verarbeitungsbedingte Positionier - und Orientierungszeiten
TDM	DM	tausend deutsche Mark
T_{FT}	s	fügetoleranzbedingte Fügezeit
T_{GR}	s	Greifzeit
T_{GW}	s	Greiferwechselzeit
$\bar{T}_{HF}$	s	fügeortabhängige handhabungsbedingte Fügezeit
T_{HF}	s	handhabungsbedingte Fügezeit
T_{HZ}	s	handhabungsbedingte Zubringzeit
T_{HZZ}	s	handhabungsbedingte Zubringzeit in der Z-Richtung
T_{HZ2D}	s	handhabungsbedingte Zubringzeit in der XY-Ebene
T_{MS}	s	Taktzeit einer Montagestation
T_{pos}	s	handhabungsbedingte Positionier - und Orientierungszeiten
T_{pro}	s	prozeßbedingte Warte - und Verweilzeiten
T_{SP}	s	schraubprozeßbedingte Fügezeit
T_{TV}	s	Teilverrichtungszeit
TV	-	Teilverrichtung
T_{ver}	s	handhabungsbedingte Verweilzeiten
T_{VZ}	s	verkettungsbedingte Zubringzeit
T_{ziel}	s	praktisch verfügbare Zieltaktzeit des Montagesystems
$\bar{T}_{ziel}$	s	theoretisch verfügbare Zieltaktzeit des Montagesystems
V	-	Produktvariante
VH	-	Verfahrhäufigkeit
V_n	-	Flächenelementfaktor

W_n	mm^2	Flächenelementsumme
X_n	-	Flächenelementfaktor
Z	-	Stückzahl
ZF	-	Anzahl Flächenelemente

Kleinbuchstaben

a	s/mm	Faktor zur Greifzeitberechnung
c	mm	Länge des Schraubschaftes
d	U/min	Drehzahl
d_1	U/min	Drehzahl der ersten Schraubstufe
e	mm	Steigung
h	-	Parameter der Regressionskurve
p	-	Parameter der Regressionskurve
q	-	Parameter der Regressionskurve
s	mm	allgemeine Wegangabe
$\dot{s}$	mm/s	allgemeine Geschwindigkeitsangabe
$\ddot{s}$	mm/s^2	allgemeine Beschleunigungsangabe
u	$grad$	allgemeine Winkelangabe
$\dot{u}$	$grad/s$	allgemeine Winkelgeschwindigkeitsangabe
$\ddot{u}$	$grad/s^2$	allgemeine Winkelbeschleunigungsangabe
x	mm	allgemeine Koordinate eines kartesischen Koordinatensystems
y	mm	allgemeine Koordinate eines kartesischen Koordinatensystems
z	mm	allgemeine Koordinate eines kartesischen Koordinatensystems

Häufig eingesetzte Indizes

i	laufende Nummer
j	laufende Nummer
k	laufende Nummer
m	laufende Nummer
n	laufende Nummer

<u>Griechische Buchstaben</u>

Δ u   grad   Winkeldifferenz
Δ s   mm   Wegdifferenz

1 Einleitung

1.1 Hinführung zum Thema

Der Montagebereich gilt als Schwerpunkt für zukünftige Rationalisierungsmaßnahmen in der Produktion. Wesentliche Rationalisierungsschritte werden in der flexiblen Automatisierung von Montageumfängen gesehen /1, 2/. Nach /3/ sind für das Jahr 1992 in der Bundesrepublik Deutschland bis zu 12.000 Anwendungen von Montagerobotern zu erwarten.

Die Voraussetzungen für einen wirtschaftlichen Einsatz von Montagesystemen werden bei der Planung geschaffen. Die zunehmende Flexibilisierung der automatischen Montage durch den verstärkten Einsatz von Industrierobotern führt dabei zu komplexeren Problemen, die bei der Planung gelöst werden müssen /4, 5/. Bei der Planung von flexibel automatisierten Montagesystemen sind somit Rationalisierungsmaßnahmen notwendig /6/.

Rationalisierungsmaßnahmen im Planungsbereich bewirken
- quantifizierbare Effekte durch Einsparung von
  Personalmitteln /7/
- nicht quantifizierbare Effekte durch Erhöhung
  der Planungsgüte /8/.

Für den Hersteller von Montageanlagen bedeutet dies einerseits eine Einsparung erheblicher Planungskosten, da die personellen Aufwendungen bei der für den Anwender in der Regel kostenlosen Angebotserstellung reduziert werden. Andererseits vermindert die erhöhte Planungsgüte das Risiko der Realisierung im Auftragsfall und bewirkt darüber hinaus Wettbewerbsvorteile gegenüber Mitanbietern.

Der Anwender von Montageanlagen steht prinzipiell der gleichen Problemstellung gegenüber. Planspiele zur Entwicklung optimaler Montagekonzepte erfordern einen großen und qua-

lifizierten Planungsstab, so daß auch hier Hilfsmittel
gefordert sind,die schnelle und sichere Ergebnisse liefern.

Die dargestellte Problematik für den Hersteller wie auch für
den Anwender bei der Planung flexibler Montagesysteme be-
trifft jeweils frühe Stadien der Planung. Als Ergebnis dieser Planung liegen Montagekonzepte vor, die neben wirtschaftlichen Daten wie Kosten hauptsächlich durch technische Daten wie die Ausbringung des Systems charakterisiert
werden. Die Ausbringung des Montagesystems ist Funktion der
Systemverfügbarkeit und der Systemtaktzeit. Dabei ist weniger die Bestimmung der Verfügbarkeit als vielmehr die
Bestimmung der Taktzeit von Interesse. Die bekannten Hilfsmittel zur Verfügbarkeitsbestimmung /9, 10 / sind zwar
aufgrund der statistischen Schwankungsbreite der Ergebnisse
teilweise ungenau, jedoch besteht eine große Beeinflussungs-
möglichkeit der Verfügbarkeit bei der Inbetriebnahme und im
Betrieb /11, 12, 13/.
Ein wesentliches Problem ist daher die Bestimmung der Taktzeit des Montagesystems. Dabei ist die Montagestation mit
der größten Taktzeit üblicherweise bestimmend für die Ausbringung des Gesamtsystems. Sind die Taktzeiten von Montagestationen bekannt, kann das gesamte Systemverhalten simuliert werden. Hierzu existieren mehrfach Hilfsmittel /14,
15, 16, 17/. Die Bestimmung der Taktzeit einer Montagestation ist daher eine wesentliche Aufgabe in diesem Planungsstadium.

1.2   Zielsetzung und Vorgehensweise

Ziel dieser Arbeit ist es, Verfahren zur Planung taktzeitoptimierter flexibler Montagestationen, die vor allem im frühen Stadium der Planung anwendbar sind, zu entwickeln. Hierzu sind einerseits Verfahren zur Berechnung von Taktzeitelementen in einer flexiblen Montagestation andererseits Verfahren zur Berechnung und Optimierung der Stationstaktzeit

erforderlich.

Die entwickelten Verfahren sollen zu einem rechnergestützten
Planungshilfsmittel umgesetzt werden. An dieses Planungshilfsmittel wird die Forderung gestellt, daß eine durchgän-
gige, systematische und zielorientierte Entwicklung von
taktzeitoptimierten Stationskonzepten ermöglicht und damit
die Planungszeit reduziert wird /18/. Die Kreativität des
Planers soll und kann dabei jedoch nicht ersetzt werden.

Zielbereich zur Anwendung der Hilfsmittel sind Planungsaufgaben aus dem Maschinen-/Gerätebau und der Elektrotechnik.
Zur Gewährleistung einer breiten Anwendbarkeit sollen die
üblicherweise vorkommenden Montagetätigkeiten sowie die
gebräuchlichen Systemkomponenten einer flexiblen Montagestation bei der Entwicklung der Berechnungsverfahren berücksichtigt werden. Die Betrachtung der Industrieroboter
soll dabei exemplarisch für jeweils einen Vertreter vom Typ
Vertikalknickarm (Manutec R 3), Horizontalknickarm (Bosch
SR 800) und kartesische Kinematik (Dea Pragma A 3000)
durchgeführt werden. Die Übertragbarkeit der Berechnungsverfahren auf andere Vertreter der aufgeführten Kinematik-
typen soll aufgezeigt werden.

Voraussetzung zur Entwicklung eines rechnergestützen Hilfsmittels zur Planung taktzeitoptimierter flexibler Montagestationen ist zunächst einmal die Kenntnis der Abläufe
bei der Montageplanung. Hierzu werden die üblichen Vorgehensweisen zusammengestellt. Darüber hinaus sind bekannte,
allgemeingültige Verfahren zur Taktzeitberechnung, zur Optimierung und zur Robotereinsatzplanung aufzuzeigen. Dadurch
werden Entwicklungsdefizite deutlich.

Die Randbedingungen für die eigentlichen Forschungs- und
Entwicklungstätigkeiten werden durch mehrere Analysen erstellt. Durch die entsprechenden Analysen werden
    - häufig vorkommende Taktzeitelemente definiert

- der Anteil der Taktzeitelemente an der Zykluszeit
  festgestellt
- bekannte Grundlagen zur Berechnung der Taktzeitelemente aufgearbeitet
- Maßnahmen zur Taktzeitoptimierung und deren
  Auswirkung ermittelt
- Einsatzbereiche der Taktzeitberechnung im
  Planungsprozeß festgelegt
- verfügbare Informationen zur Taktzeitberechnung
  im Planungsprozeß aufgestellt.

Nach Festlegung des Anforderungskatalogs wird eine Strategie
zur Vorgehensweise bei der taktzeitoptimierten Montagesta-
tionsplanung festgelegt. Daraufhin wird ein Grobkonzept für
ein rechnergestütztes Planungshilfsmittel erstellt.

Die folgenden Grundlagenarbeiten gliedern sich in einen experimentellen Teil sowie in einen konzeptionellen Teil. Zur
Ableitung von Berechnungsvorschriften für noch nicht bekannte Taktzeitelemente werden ausgewählte Montagetätigkeiten im Versuch analysiert. Die abgeleiteten Berechnungsvorschriften werden einer Fehlerabschätzung unterzogen. Die
Umsetzung dieser Erkenntnisse in ein Planungshilfsmittel
setzt je nach Planungsphase verschiedene Strategien voraus.
Hierzu und zur Anwendung von Optimierungsmaßnahmen zur
Entwicklung taktzeitoptimierter Montagestationen werden
phasenspezifische Planungsmethoden erstellt.

Zur praktischen Anwendung der Erkenntnisse werden Rechnerprogramme entwickelt. Die Einbindung der Rechnerprogramme in
ein Methodenbanksystem liefert ein durchgängiges Hilfsmittel
bei der Planung von Montagestationen. Der Einsatz der Hilfsmittel wird anhand einer ausgewählten Planungsaufgabe
beispielhaft dargestellt. Die Vorteile bei der Anwendung
der Planungshilfsmittel werden aufgezeigt.

2   Stand der Erkenntnisse

2.1 Definitionen und Begriffe

Es werden nachfolgend Begriffe erläutert und eingegrenzt,
die für das Verständnis der vorliegenden Arbeit wichtig
sind.

Montage /19/

Unter Montieren versteht man die Gesamtheit aller Vorgänge,
die dem Zusammenbau von geometrisch bestimmten Körpern dienen. Dabei kann zusätzlich formloser Stoff zur Anwendung
kommen. Montieren ist immer eine Folge von Funktionen. Der
Begriff Montieren beinhaltet neben der Hauptfunktion "Fügen"
als Nebenfunktion "Handhaben" und "Kontrollieren".

Zykluszeit, Taktzeit /20/

Die Zykluszeit eines Ablaufs mit maschineller Handhabung
setzt sich aus be- und verarbeitungsbedingten Positionier-
und Orientierungszeiten (im weiteren Verlauf der Arbeit T_{be}
genannt) sowie aus handhabungsbedingten Positionier- und
Orientierungszeiten (T_{pos}) und handhabungsbedingten Verweilzeiten (T_{ver}) zusammen. Zusammen mit den prozeßbedingten Warte-und Verweilzeiten (T_{pro}) ergibt sich damit die
Taktzeit des übergeordneten Prozesses.

Teilverrichtung /21/

Eine Teilverrichtung besteht aus mehreren Vorgangsstufen.
Sie ist sinnvoll nicht weiter unterteilbar. Das bedeutet,
daß bei einer darüber hinausgehenden Unterteilung ein höhe-
rer Zeitaufwand für die Ausführung der Tätigkeit entsteht.
Nach der Ausführung einer Teilverrichtung muß ein definier-
ter Zustand des zu montierenden Erzeugnisses vorliegen, so
daß es für die darauf zu bearbeitende Teilverrichtung zu ei-

nem anderen Arbeitsplatz transportiert werden kann, ohne
seinen Zustand zu verändern.

Kapazitätsteilung /22/

ist die Teilung eines Kapazitätsbedarfs in Kapazitätsbe-
darfsteile so, daß jedes Kapazitätsbedarfsteil durch das
Kapazitätsangebot eines Arbeitsplatzes gedeckt werden kann.

Optimierung /23/

Optimierung ist der Vorgang des gezielten Änderns einer
Anzahl von Parametern eines Systems (z.B. eines Entwurfs,
eines Ablaufs, usw.), um das zugehörige Zielsystem
(z.B. die Taktzeitminimierung einer flexiblen Montagestation) möglichst weitgehend zu erfüllen.

Methode /24/

Eine Methode ist ein Programm in einer beliebigen Programmier-
sprache und konzeptionell programmiersprachenunabhängig. Sie
besteht aus einem Identifikationsteil, der Beschreibung der
Dateien / Datenstrukturen und der Beschreibung der Algo-
rithmen.

Über die aufgeführten Definitionen hinaus werden in vorliegender Arbeit weitere Begriffe eingeführt.

Flexible Montagestation

Als flexibel wird eine Montagestation bezeichnet, wenn der
Ablauf zur Durchführung der ihr zugewiesenen Arbeitsinhalte
bzw. Teile davon programmierbar gesteuert wird.

Planung

Der Planung einer flexiblen Montagestation werden alle die

Tätigkeiten zugerechnet, die der Erstellung einer maßstäb-
lichen Darstellung der flexiblen Montagestation in Drauf-
sicht sowie deren technischen und wirtschaftlichen Beschreibung dienen. Ziel der Planung ist es, mit möglichst geringem
Bearbeitungsaufwand eine sichere Aussage über die tech-
nisch/wirtschaftliche Einsatzmöglichkeit der flexiblen Montagestation treffen zu können.

<u>Stationstaktzeit</u>

Die Taktzeit einer Montagestation ist die Zeit, die zur
Durchführung des der Station zugewiesenen Arbeitsinhaltes
einschließlich der hierzu notwendigen Nebenfunktionen notwendig ist.

2.2 Vorgehensweise bei der Montageplanung

Eine systematische Vorgehensweise bei der Montageplanung ist
die Grundlage und dient als Ausgangspunkt für die Entwicklung des Planungshilfsmittels. Verschiedene Modelle sind
bekannt /18, 25, 26, 27, 28, 29, 30/. Die aufgeführten Modelle weisen dabei spezifische Einsatzmerkmale auf. Aufbauend auf dem systemtechnischen Vorgehensmodell /31, 32, 33/
ist in <u>Bild 1</u> eine allgemeingültige Vorgehensweise dargestellt.
Zur Planung des Montagesystems werden diverse Tätigkeitsschritte durchgeführt. Hierzu sind verschiedene Problemlö-
sungsschritte notwendig. Ausgehend von der Analyse der
Montageaufgabe wird die Systemgrobstruktur erstellt. Die
Grobstruktur eines Montagesystems ist dabei die material-
flußtechnische Verknüpfung der Montagestationen. Die Montagestationen sind durch ihren Arbeitsinhalt (Teilverrichtungen) beschrieben. Die weiteren Tätigkeitsschritte haben die
Erstellung des Arbeitsprinzips und des Gestaltprinzips des
betreffenden Systems zur Folge. Das Arbeitsprinzip eines
Systems wird dabei durch die Teilfunktionen und die Teil-
funktionsträger sowie durch die Funktionsabläufe zur Durch-

führung der Montageaufgabe beschrieben. Das Gestaltprinzip
eines Systems wird durch die ausgewählten Systemkomponenten
sowie deren räumliche Anordnung beschrieben. Bei der Durchführung der Planung sind verschiedene Konkretisierungsstufen
möglich, die sich vor allem durch die systemtechnische Glie-
derungstiefe der Anlage ergeben. Die Bearbeitungstiefe bei
der Ausarbeitung von Lösungen ist je nach Komplexität bzw.
Schwierigkeit der Aufgabe unterschiedlich.

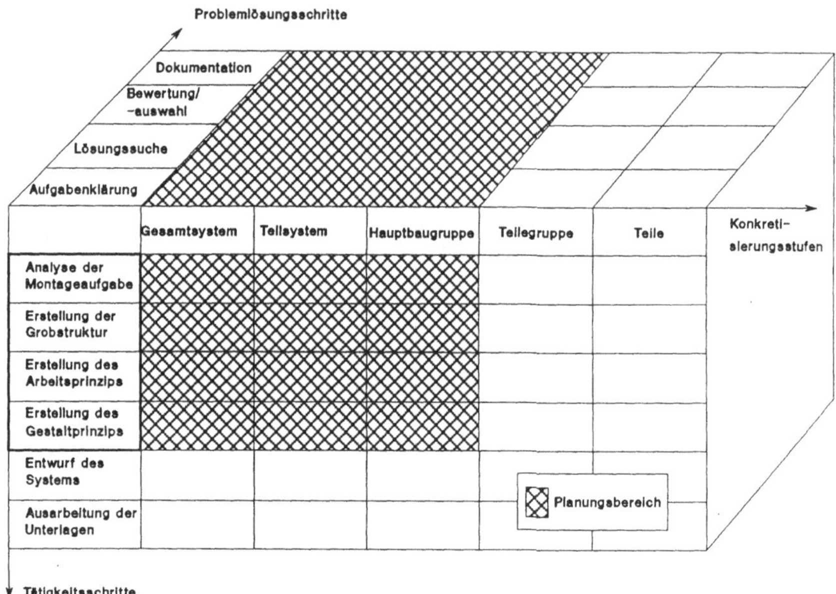

Bild 1: Allgemeine Vorgehensweise bei der Montageplanung

2.3 Hilfsmittel und Verfahren zur Planung taktzeit- optimierter flexibler Montagestationen

2.3.1 Berechnungsmöglichkeiten von Taktzeiten

In der Literatur sind einige Ansätze bekannt, in Anlehnung
an Verfahren zur manuellen Vorgabezeitbestimmung, wie z.B.

MTM, Kataloge für Taktzeitelemente der flexiblen automatischen Montage, auch RTM genannt, zu entwickeln /34, 35, 36/. Die grundsätzlichen Ansätze zur Berechnung der Taktzeitelemente sind dabei bei allen Verfahren gleich (<u>Bild 2</u>).

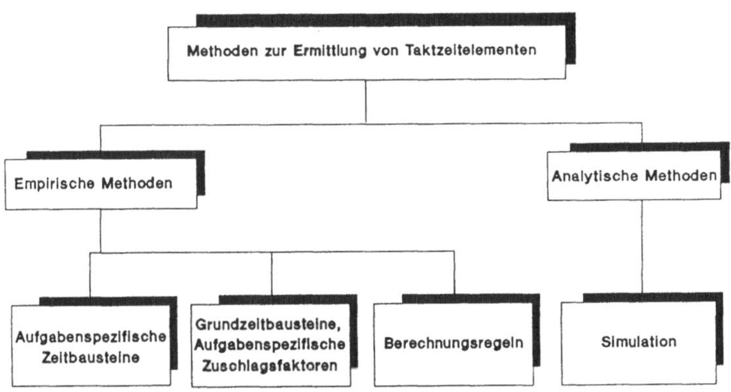

<u>Bild 2:</u> Prinzipielle Möglichkeiten zur Berechnung von Taktzeiten in einer flexiblen Montagestation

Komplexe Problemstellungen, beispielsweise die Berücksichtigung von verschiedenen, sich gegenseitig beeinflussenden Größen bei einer Berechnung, sind mit empirischen Methoden vergleichsweise einfach zu lösen. Dabei können für bestimmte Aufgaben fixe Zeitbausteine bzw. Grundzeitbausteine, die je nach Tätigkeitsmerkmal variierbar sind, festgelegt werden. Eine weitere, vielfach bewährte Methode gerade bei der Verarbeitung von heuristischen Zusammenhängen ist die Formulierung dieser Abhängigkeit in Regeln. Zur Berechnung von Bewegungszeiten von Industrierobotern werden häufig Simulationsmethoden angewendet. Übliche Verfahren sind die nach Newton - Euler /37/ oder Lagrange /38/ bzw. rekursive Methoden nach Kane /39/. Diese genauen Berechnungsverfahren sind jedoch vielfach nur auf Großrechenanlagen lauffähig. Bei der Entwicklung der Berechnungsverfahren ist es eine wesentliche Aufgabe, die Güte der Hilfsmittel auf die jewei-

lig zur Verfügung stehenden Informationen/Daten im Planungsprozeß hin abzustimmen. Dies wurde bei den bisherigen
Arbeiten nicht beachtet /40/.

2.3.2 Optimierungsverfahren

Die Erfüllung einer Aufgabe kann optimiert werden, wenn es
zwei oder mehr Möglichkeiten für deren Lösung gibt. Die
nicht miteinander in Verbindung stehenden Merkmale, in denen
sich die Resultate voneinander unterscheiden, nennt man
(unabhängige) Variable oder Parameter des betrachteten Ob-
jekts oder Systems. Eine rationale Entscheidung zwischen
den realen oder gedachten Varianten setzt ein Werturteil
voraus. Dazu bedarf es eines Bewertungsmaßstabes, eines
quantitativen Gütekriteriums, gemäß dem die eine Lösung als
besser, die andere als schlechter klassifiziert werden kann.
Diese abhängige Variable wird meist als Zielfunktion bezeichnet, weil sie von der Bestimmung des Systems, vom Ziel,
das mit ihr erreicht werden soll, abhängt und mit den Parametern funktional verbunden ist. Zur Lösung von Optimie-
rungsproblemen sind verschiedene Verfahren bekannt /41/.

Zur Planung taktzeitoptimierter flexibler Montagestationen
sind mathematische Optimierungsverfahren anwendbar. Die
Gesetzmäßigkeiten der beteiligten physikalischen Vorgänge
sind bekannt, es kann ein mathematisches Modell des Systems
aufgestellt werden.

Mathematische Optimierungsverfahren gliedern sich in direkte
bzw. numerische und indirekte, analytische Verfahren. Als direkt oder numerisch bezeichnet man Methoden, die die Lösung
(iterativ) annehmen, wobei der Wert der Zielfunktion von Mal
zu Mal verbessert wird. Als indirekt oder analytisch werden
Methoden bezeichnet die versuchen, das Optimum mit einem
Schritt, ohne Proben oder Versuche, anzugeben. Sie basieren
auf der Analyse der besonderen Eigenschaften der Zielfunktion an der Stelle des gesuchten Extremums. Bei den komplexen

Problemstellungen der Montageplanung mit häufigen Neben-
bedingungen sind diese Methoden nicht anwendbar.

Bei den Verfahren zur direkten numerischen Optimierung werden im wesentlichen drei Verfahren für allgemeine nichtlineare Systeme, für quadratische Systeme sowie für lineare
Systeme unterschieden. Unterscheidungsmerkmal ist die mathematische Formulierung des Optimierungsproblems. Bei
Taktzeitoptimierungen sind nur Verfahren für allgemeine
nichtlineare Systeme anwendbar. Bekannte Optimierungsverfahren für allgemeine nichtlineare Systeme sind die äqui-
distante Rasterstrategie /42/, das Koordinatensuchverfahren
bzw. die Gauß-Seidel-Strategie /43/, die Evolutionsstrategie
/44/, die Gradientenstrategie /45/, die rotierende Koordi-
natenstrategie von Rosenbrock /46/ sowie darüber hinaus heu-
ristische Verfahren und Zufallsstrategien /47/.
Die Auswahl der für die Entwicklung von taktzeitoptimierten
Montagekonzepten günstigsten Strategie erfordert die Aufstellung der Randbedingungen des Problems sowie die Einfüh-
rung von gewichteten Auswahlkriterien. Die Entscheidung für
eines der aufgestellten Verfahren kann dann mit Hilfe der
Nutzwertanalyse erfolgen /48/.

2.3.3 Taktzeitanalyse und Robotereinsatzplanung

Zur Robotereinsatzplanung liegen eine Fülle von Software-
produkten vor. **Bild 3** zeigt eine Auswahl. Auf spezifische
Einzelheiten soll hier nicht eingegangen werden. Allen ge-
meinsam ist jedoch, daß hardwaremäßig ein Großrechner notwendig ist, daß der Beschreibungsaufwand der Planungsaufgabe hoch ist sowie daß keine automatische Erzeugung von
optimierten Konzepten erfolgt. Gerade aber die schnelle,
zielorientierte Entwicklung optimierter Montagekonzepte muß
Aufgabe der Planung sein /40/. Zudem liegen die Investitionen zum Kauf dieser Softwareprodukte bei 150 TDM bis 700 TDM.
Die Kosten für die zur Anwendung der Produkte notwendigen
Hardware ist hierin nicht enthalten. Mit diesen Systemen

BEISPIELHAFTE EINSATZMÖGLICHKEIT	BEZEICHNUNG	QUELLE	HERSTELLER
-graphische Simulation von Montagesystemen -Möglichkeit zur Kollisionsprüfung	ROBOT-SIM	/50/	I
-einfache und sichere Ermittlung von Positions- und Orientierungsdaten für Montageroboter	ROBCAD	/51/	I
-graphisch interaktive Programmierung -Optimierung von Bewegungsbahnen	PLACE	/52/	I
-Ermittlung von Taktzeiten	AUTO BOTS	/50/	I
-Ergebnisbeispiel	CIM STATION	/53/	I
	I GRIP	/51/	I
	DICAD	/54/	F
	ROBSIM	/55/	F
	USIS	/56/	F

I = Industrieunternehmen
F = Forschungseinrichtung

Bild 3: Beispiele für Softwareprodukte zur Robotereinsatzplanung

können hauptsächlich Bewegungszeiten von Industrierobotern
bestimmt werden. Die Taktzeitberechnung der sonst in der
flexiblen Montage vorkommenden Tätigkeiten ist nicht möglich. Für die im Rahmen der vorliegenden Arbeit zu lösen-
den Problemstellung, der methodischen Unterstützung bezüglich Taktzeitberechnung in relativ frühen Planungsphasen, sind diese Systeme ungeeignet, da deren Anwendung bereits eine detaillierte Vorstellung der Montagestation erfordert. Typische Anwendungsfälle liegen in der Offline-
Programmierung, beispielsweise in dem offline programmierten
Setzen von Schweißpunkten in einer automatischen Straße für
die Automobilmontage /49/.

3 Festlegung von Randbedingungen für die Entwicklung des Planungshilfsmittels

3.1 Tätigkeiten in der Montage

3.1.1 Analyse der Vorkommenshäufigkeit von Tätigkeiten in der Montage

Die Anwendbarkeit eines Hilfsmittels zur Taktzeitbestimmung
bei der Montageplanung setzt die Berechnungsmöglichkeit der
Taktzeit von möglichst vielen Tätigkeiten in der Montage
voraus. Zur Festlegung der wesentlichen Montagetätigkeiten
werden verschiedene Analysen ausgewertet /3,57/. Die Ergebnisse sind in __Bild 4__ dargestellt.

Zur Analyse der Vorkommenshäufigkeit der nach /58/ definierten Tätigkeiten in der Montage wurden 355 Montagesysteme
untersucht. Die Tätigkeiten Fügen und Zubringen nehmen dabei
einen Anteil von 76 % ein. Die Verfahren des Fügens wurden
einer detaillierten Analyse unterzogen. Dabei ergab die
Analyse von 106 Montagearbeitsplätzen einen Anteil von
84,9% für die Fügeverfahren Schrauben und Fügen durch Zu-
sammenlegen (Fügeverfahren 1, 2, 4, 6, 7 in Bild 4). Getrennte Untersuchungen für die Branchen Maschinenbau und
Elektrotechnik ergaben bei über 300 Fügeaufgaben einen Anteil der linear senkrecht von oben ausgeführten Fügerich-
tungen von 73 % bzw. 93 %. Die Gewichtsklassen der zu hand-
habenden Werkstücke lagen dabei bei nahezu 100 % der untersuchten Vorgänge bei unter 5 kg /3/.

Daraus werden die Forderungen abgeleitet, daß mit dem Planungshilfsmittel die Taktzeiten von Zubringe- und Fügeaufgaben des Zusammenlegens sowie des Schraubens mit Fügerich-
tungen senkrecht von oben nach unten zu bestimmen sind. Der
Zielbereich wird auf Montageaufgaben mit einem maximal auftretenden Handhabungsgewicht von 5 kg eingeschränkt.

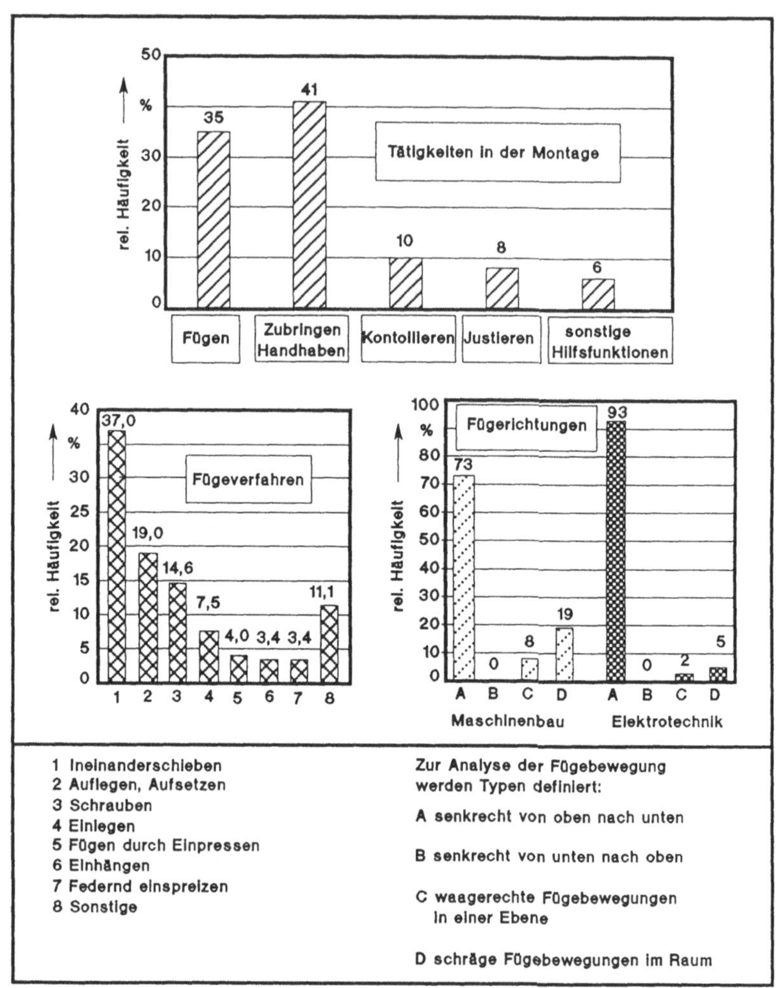

<u>**Bild 4:**</u> Ergebnis der Analyse der Vorkommenshäufigkeit von Tätigkeiten in der Montage (Basis: 355 Montagesysteme) /3,57/

3.1.2 Festlegung von Taktzeitelementen in einer flexiblen Montagestation

Nach /20/ sind Zeitanteile an der Zykluszeit definiert. Diese Zeitanteile können zu größeren Taktzeiteinheiten zusammengefaßt und somit nach Zuordnung zu Systemkomponenten in einer flexiblen Montagestation Taktzeitelemente festgelegt werden. In Bild 5 sind die Taktzeitelemente dargestellt, die nach Analyse der Montagetätigkeiten bei der Entwicklung von Berechnungsverfahren berücksichtigt werden müssen.Für die Ausführungszeit für Zubringaufgaben werden zwei Taktzeitelemente definiert. Für das Zubringen von Fügeteilen wird das Taktzeitelement "handhabungsbedingte Zubringzeit" festgelegt. Als Handhabungssystem wird dabei je ein Industrieroboter pro Montagestation angenommen. Für das Zubringen der Basisteile wird das Taktzeitelement "verkettungsbedingte Zubringzeit" festgelegt.Als Verkettungssystem wird dabei ein ortsfestes, nicht getaktetes Transfersystem angenommen. Damit ist die für den festgelegten Zielbereich üblicherweise vorkommende Montagesystemkonfiguration berücksichtigt. Für die der Tätigkeit Zubringen/Handhaben zugehörigen Aufgaben Greifen und Greiferwechseln werden explizit Taktzeitelemente definiert. Für die Tätigkeit Fügen werden Taktzeitelemente für Fügevorgänge, die vom Industrieroboter ausgeführt werden und exemplarisch für Prozeßzeitanteile ein Taktzeitelement für den Schraubprozeß definiert.

Die Gesamttaktzeit einer Teilverrichtung ergibt sich aus der Summe der taktzeitbestimmenden Taktzeitelemente. Die Gesamttaktzeit in einer Montagestation ergibt sich aus der Summe der taktzeitbestimmenden Teilverrichtungen und damit indirekt ebenfalls aus der Summe der taktzeitbestimmenden Taktzeitelemente. Taktzeitbestimmend ist ein Vorgang dann, wenn er im Vergleich zu einem oder mehreren parallel ablaufenden Vorgängen die größte Zeit benötigt.

Die am häufigsten vorkommende Teilverrichtungsart besteht aus

MAKRO-TAKT-ZEITELEMENTE	BESCHREIBUNG	ZYKLUSZEIT-ANTEILE (NACH VDI 2861)			
		T_{be}	T_{pos}	T_{ver}	T_{pro}
Handhabungsbedingte Zubringzeit T_{HZ}	– Startsignal aufnehmen – Anfahren der zur Durchführung des Folgevorgangs notwendigen Position – nach Abklingen der Schwingungsamplitude Folgevorgang ansteuern		X	X	
Handhabungsbedingte Fügezeit T_{HF}	– Startsignal aufnehmen – Verfahren bis zur Fügeteilüberdeckung – Fügevorgang ausführen – Folgevorgang ansteuern	X		X	
Greifzeit T_{GR}	– Startsignal aufnehmen – Greiferbacken schließen/öffnen – Folgevorgang ansteuern			X	
Greiferwechselzeit T_{GW}	– Startsignal aufnehmen – Einfahren in Greiferablageposition – Greifer ablegen – Verfahren zur Greiferaufnahmeposition – Greifer aufnehmen – Ausfahren aus Greiferaufnahmeposition – Folgevorgang ansteuern		X	X	
Verkettungsbedingte Zubringzeit T_{VZ}	– Startsignal aufnehmen – Teile transportieren – Indexieren/Fixieren in Montageposition – Folgevorgang ansteuern				X
Schraubprozeßbedingte Fügezeit T_{SP}	– Startsignal aufnehmen – Fügeprozeß durchführen – Folgevorgang ansteuern				X

$$\text{Stationstaktzeit } T_{MS} = \sum_{i=1}^{N} \max (T_{HZi}, T_{HFi}, T_{GRi}, T_{GWi}, T_{VZi}, T_{SPi})$$

Teileberstellungsort Fügeort

$$\text{Teilverrichtungszeit } T_{TV} = 3T_{HZZ} + 2T_{GR} + 1T_{HF} + 2T_{HZ2D}$$

X = ist Bestandteil des Taktzeitelements

◪ = ist nicht Bestandteil des Taktzeitelements

T_{be} = be- und verarbeitungsbedingte Positionier- und Orientierungszeiten

T_{pos} = handhabungsbedingte Positionier- und Orientierungszeiten

T_{ver} = handhabungsbedingte Verweilzeiten

T_{pro} = prozeßbedingte Warte- und Verweilzeiten

↓↑ = Handhabungsbedingte Zubringzeit in Z-Richtung T_{HZZ}

←→ = Handhabungsbedingte Zubringzeit in der XY Ebene T_{HZ2D}

↓ = Handhabungsbedingte Fügezeit T_{HF}, Schraubprozeßbedingte Fügezeit T_{SP}

⇄ = Greifzeit TGR

Bild 5: Definition von Taktzeitelementen in einer flexiblen Montagestation zur Berechnung von Stationstaktzeiten und Teilverrichtungszeiten

handhabungsbedingten Zubringzeiten sowohl in Z-Richtung als
auch in der XY-Ebene, aus Greifzeitanteilen und aus Fü-
gezeitanteilen. Ein Beispiel hierfür ist die Aufgabe, ein
Teil ausgehend von der Position über dem Teilebereitstel-
lungsort zu holen, zur Fügeposition hinzubringen, zu fügen,
loszulassen und an die nächste Teilebereitstellungsposition
zu verfahren.

3.1.3 Anteil der Taktzeitelemente an der Zykluszeit

Die Bestimmung des Zeitanteils der festgelegten Taktzeitelemente an der Stationstaktzeit in einer Montagestation ist
die grundlegende Vorarbeit zur Ableitung von Anforderungen
an die Genauigkeit der zu entwickelnden Berechnungsverfahren sowie zur Bestimmung der theoretischen Berechnungsgenauigkeit der Taktzeit einer flexiblen Montagestation bei
Kenntnis der Genauigkeit der Berechnungsverfahren für die
einzelnen Taktzeitelemente. An Berechnungsverfahren für
Taktzeitelemente mit einem hohen Anteil an der Stationstaktzeit werden erhöhte Anforderungen an die Genauigkeit
der Ergebnisse gestellt, da die Genauigkeit dieser Verfahren
das Gesamtergebnis wesentlich beeinflussen. Zur Festlegung
dieser Anforderungen wurden 50 flexible Montagestationen
aus dem Zielbereich Maschinenbau/ Gerätebau und Elektrotechnik analysiert. Die Ergebnisse zeigt __Bild 6__. Die Zeitanteile von Greiferwechselzeiten und Teilebereitstellungszei-
ten an der Stationstaktzeit sind dabei direkt von der Stationstaktzeit abhängig, allerdings mit gegenläufiger Tendenz. Bei den übrigen Zeitanteilen können keine Abhängigkei-
ten von der Stationstaktzeit festgestellt werden. Der Streu-
bereich der einzelnen Taktzeitanteile ist teilweise relativ
hoch, zur Glättung der Analyseergebnisse wird der mittlere
quadratische Durchschnittswert berechnet. Dieser Wert wird
im weiteren Verlauf der Arbeit übernommen.

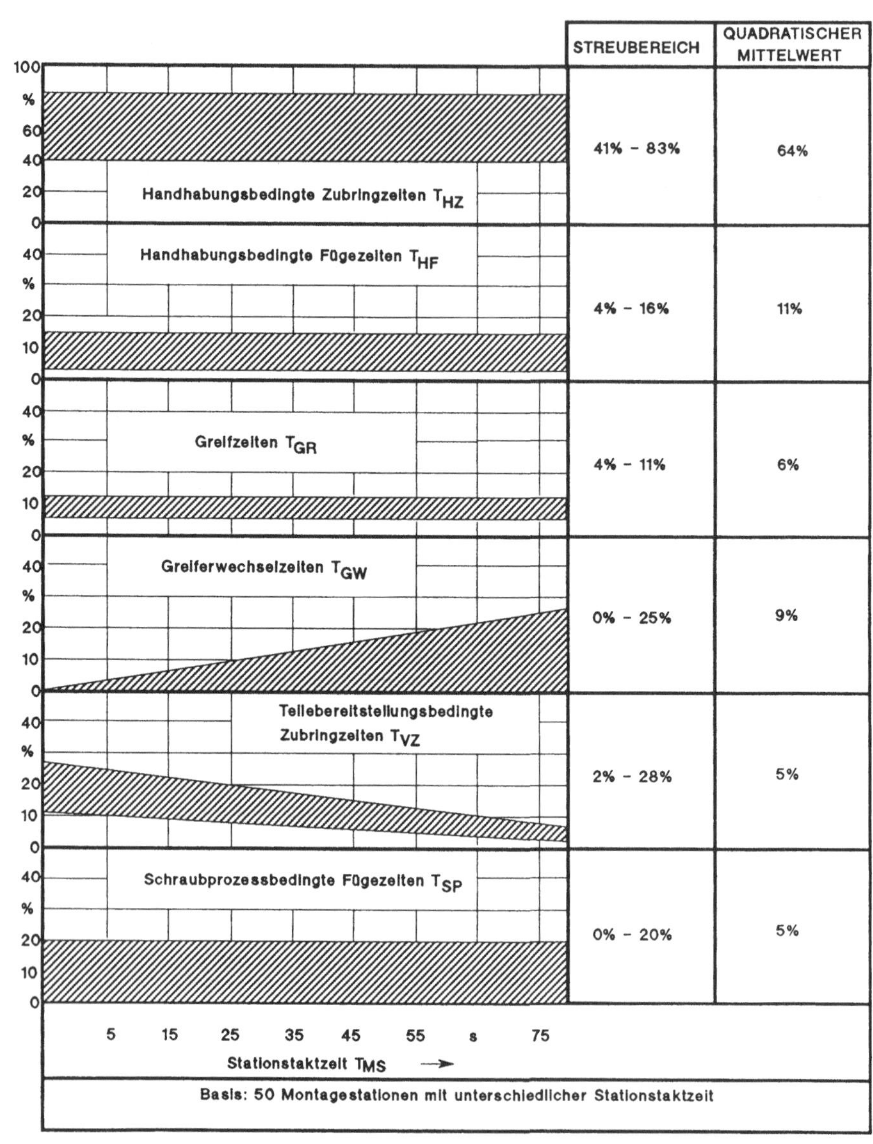

Bild 6: Prozentualer Anteil der Taktzeitelemente an der Stationstaktzeit einer flexiblen Montagestation

3.2 Analyse und Bewertungen von Verfahren zur Taktzeitberechnung

3.2.1 Durchführung einer Marktrecherche

Bei der Entwicklung der angestrebten Hilfsmittel sind bekannte Taktzeitelemente bzw. Grundlagen/Verfahren zur Taktzeitberechnung zu berücksichtigen. Hierzu wurden in einer Marktrecherche 80 Hersteller von Systemkomponenten einer flexiblen Montagestation befragt. Dabei zeigt sich, daß zur Abschätzung von handhabungsbedingten Fügezeiten, Greifzeiten und Greiferwechselzeiten keine Taktzeitelemente oder Berechnungsmethoden bekannt sind. Zur Bestimmung der übrigen Zeitanteile existieren zumindest teilweise Hilfsmittel. In den folgenden Kapiteln werden diese Erkenntnisse aufgeführt und eine mögliche Übernahme für die vorliegende Arbeit überprüft.

3.2.2 Ergebnisse der Recherche handhabungsbedingter Zubringzeiten

Der kinematische Aufbau eines Industrieroboters führt zu gerätespezifischen Taktzeit-Iso-Linien /59/. Bei der Bestimmung von handhabungsbedingten Zubringzeiten ist daher weniger der Verfahrweg als Absolutgröße als vielmehr der Start- und Zielpunkt einer Zubringbewegung und der für die Ausführung dieser Aufgabe notwendige Bewegungsablauf des Industrieroboters von Bedeutung. Ausgehend von den kartesischen Koordinaten des Start- und Zielpunktes sind die Roboterkoordinaten in diesen Punkten zu bestimmen. Daraus wird abgeleitet, welchen Weg die einzelnen Roboterachsen zurücklegen müssen. Die Umrechnungsvorschriften hierzu sind bekannt. Bei der Berechnung der Zeit, die die einzelnen Achsen für die Verfahrstrecke benötigen, sind die Beschleunigungs- und Geschwindigkeitswerte der einzelnen Achsen zu berücksichtigen. Anhand eines einfachen Rechenbeispieles wird dies deutlich. Würde man beispielsweise bei einer vorgegebenen Beschleunigung von a = 1g und einer Geschwindigkeit von v = 1000 mm/s versuchen, die beschleunigten Bewegungsanteile zu vernachlässigen, so steigt der Berechnungsfehler in Richtung kleiner Wege stark an und beträgt beispielsweise bei der Zeitberechnung für eine Wegstrecke von 50 mm bereits ca. 200%. Taktzeitbestimmend ist im PTP-Betrieb bei zeitparallel verlaufenden Achsbewegungen dabei diejenige Achse, die die meiste Zeit benötigt.

Mit den in <u>Bild 7</u> beispielhaft für den IR Bosch SR 800 dargestellten Diagrammen können mit Kenntnis der zu verfahrenden Winkel bzw. Strecken der einzelnen Achsen die entsprechenden handhabungsbedingten Zubringzeiten entnommen werden /60/. Die Daten, die den vorliegenden Diagrammen entnommen werden können, sind jedoch nur grobe Anhaltswerte, da als einziger Einflußparameter auf die Verfahrzeit der Verfahrweg/Winkel der einzelnen Achse eingeht.

Vorliegende Erkenntnisse sind durch Grundlagenuntersuchungen

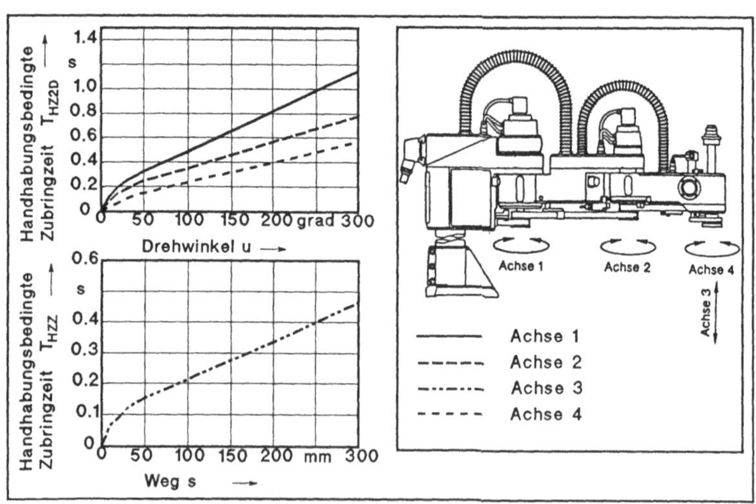

<u>Bild 7:</u>   Weg-/Zeitkurven der einzelnen Achsen eines Industrieroboters /60/

zur Bewertung weiterer Einflußfaktoren zu ergänzen. Zur
Bestimmung von handhabungsbedingten Verweilzeitanteilen
existieren keine Hilfsmittel. Zur Berücksichtigung dieser
Zeitanteile sind ebenfalls Untersuchungen durchzuführen. Die
Ergebnisse sind bei der Erstellung von Rechenmodellen zu
berücksichtigen.

3.2.3 Ergebnisse der Recherche verkettungsbedingter Zubringzeiten

Zur Berechnung von Zeitanteilen für das Zubringen mit orts-
festen, nicht getakteten Verkettungssystemen, liegen Grund-
lagendaten vor /60/. Je nach Last und damit indirekt auch
Bandgröße können Transfersysteme mit verschiedenen Band-
geschwindigkeiten ausgewählt werden. Typische Bandgeschwin-
digkeiten bei einer Transportlast von bis zu 30 kg sind beispielsweise 9 m pro Minute oder 12 m pro Minute. Mit der
Kenntnis der Einlaufstrecke und damit der Möglichkeit der
Berechnung der Einlaufzeit und Zugabe eines Zeitzuschlags
von üblicherweise 1,5 Sekunden für Indexiervorgänge sind
damit die verkettungsbedingten Zubringzeiten berechenbar.
Verkettungsbedingte Zubringzeiten sind für eine Stationstaktzeitberechnung meist unkritisch, da je nach Auslegung
des Montageablaufs Zubringaufgaben parallel zu anderen Tätigkeiten ausgeführt werden können. Die vorliegenden Be-
rechnungsansätze sind daher ausreichend.

3.2.4 Ergebnisse der Recherche schraubprozeßbedingter Fügezeiten

Bei der Berechnung von schraubprozeßbedingten Fügezeiten
wird vorausetzt, daß die Zufuhr von Schrauben parallel zu
anderen Tätigkeiten ausgeführt wird, so daß lediglich Berechnungsvorschriften für den eigentlichen Schraubvorgang
zu erstellen sind. Hierzu liegen bereits Hilfsmittel vor
/60/. Die Berechnungsvorschriften für Schrauber sind nach
Aussage der Herstellerfirma jedoch nur auf eigene Schraub-

systeme anwendbar. Bei der Schraubzeitberechnung hat immer
die Drehzahl des verwendeten Schraubers wesentlichen Einfluß. Als Vorarbeit zur Erstellung einer allgemeingültigen,
schraubertypunabhängigen Berechnungsvorschrift wurde daher
untersucht, ob es möglich ist, in Abhängigkeit vom erforderlichen Drehmoment und der Schraubengröße auf einen möglichst eng begrenzten Drehzahlbereich zu schließen (Bild 8).
Die Analyse des Schrauberprogrammes verschiedener Herstel-
lerfirmen ergab, daß dies nicht möglich ist. Der verwendete
Schrauber muß daher bei der Berechnung der schraubprozeßbedingten Fügezeit bekannt sein.

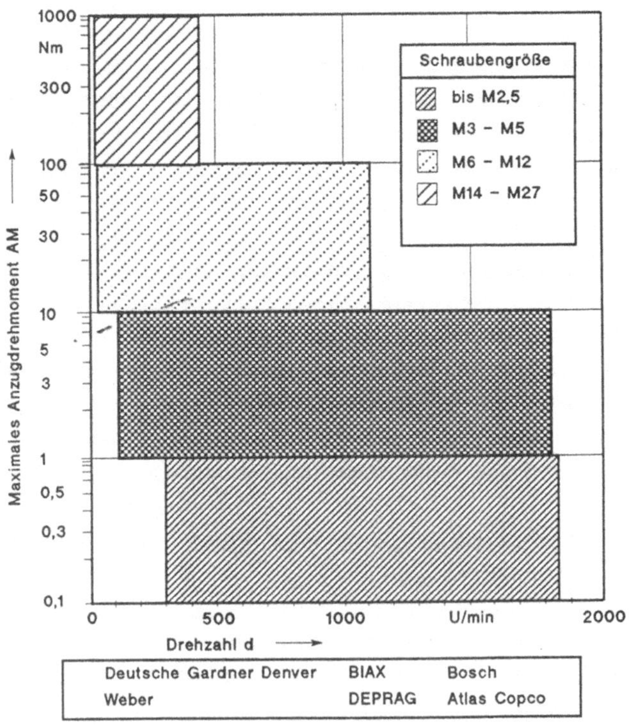

Bild 8: Drehzahlbereiche verschiedener Schrauber in Abhängigkeit der Schraubengröße und des maximalen Anzugdreh-
moments

3.3   Analyse von Maßnahmen zur Taktzeitoptimierung
       bei der Planung flexibler Montagestationen

Eine Delphi-Umfrage bei Planungsexperten ergab, daß theoretisch im wesentlichen 6 Maßnahmen zur Stationstaktzeitopti-
mierung möglich sind. Diese Maßnahmen sind die

- Zubringzeitoptimierte Anordnung einzelner Systemelemente
- Stückzahlbezogene, produktvariantenübergreifende Ausbring-
  ungsoptimierung
- Produktvariantenübergreifende Verwendung gleicher System-
  elemente
- Ablaufoptimierung durch Zusammenfassung von Teilverrich-
  tungen
- Reduktion der Flächenbelegung im Arbeitsraum
- Detailablaufoptimierung

Bei der praktischen Planungstätigkeit werden die genannten
Optimierungsmaßnahmen noch kaum angewendet. Dies liegt zum
Teil an der fehlenden Kenntnis über qualitative Auswirkungen
der Optimierungsmaßnahmen, hauptsächlich jedoch an fehlenden
Planungshilfsmitteln zur Anwendung der Maßnahmen. Die 6 Maßnahmen dienen hauptsächlich der Minimierung von handhabungsbedingten Zubringzeiten. Andere Maßnahmen würden in der
Regel eine Produktänderung voraussetzen, was zwar ebenfalls
zu optimierten Montagesystemen führen kann, bei vorliegender Betrachtung jedoch ausgeschlossen werden soll.

Eine erste Maßnahme zur Taktzeitoptimierung ist zunächst
einmal die zubringzeitoptimierte Anordnung der Systemelemente im Arbeitsraum des Industrieroboters. Dabei sind weniger die Verfahrwege zu minimieren als vielmehr die optimale Plazierung der Systemelemente auf den Iso-Linien mit
der kürzesten Taktzeit zu wählen. Mit steigendem Arbeitsinhalt nehmen dabei die Optimierungseffekte ab, da dann die
Systemelemente nicht mehr alle optimal plazierbar sind.

Bei Teilverrichtungen mit verschiedenen Stückzahlfaktoren,
beispielsweise bei Montage verschiedener Produktvarianten in
der Montagestation, können die den Teilverrichtungen mit der
höchsten Stückzahl zugehörigen Systemelemente taktzeitop-
timal plaziert werden. Diese Systemelemente besitzen die
höchste Anfahrhäufigkeit, wodurch bei produktvariantenüber-
greifender Betrachtung die Gesamtausbringung optimiert
wird.

Das Ziel der Optimierung der Jahresausbringung kann auch
durch die produktvariantenübergreifende Verwendung von
Teilebereitstellungssystemen erreicht werden. Dadurch ist
einerseits die Ausnutzung der taktzeitoptimalen Plazierung
eines Teilebereitstellungssystems für mehrere Produktvarianten möglich, als wünschenswerter Nebeneffekt ergibt sich
darüber hinaus die Minimierung der Umrüstzeiten.

Eine weitere Maßnahme zur Taktzeitoptimierung ist das Zu-
sammenfassen von Teilverrichtungen. Beispielsweise können
durch Einsatz eines am Industrieroboter befestigten Grei-
ferwechselsystems während der Zubringaufgabe mehrere Teile
gleichzeitig gegriffen werden, d.h. die normalerweise jeder
Teilverrichtung zuzuordnende Verfahrzeit von der Fügeposition zur Teilbereitstellungsposition und zurück wird auf
mehrere Teilverrichtungen verteilt. Je mehr Teilaufgaben
zu einer Gesamtaufgabe zusammengefaßt werden, desto höher
ist die Taktzeiteinsparung.

Bei Reduktion der Flächenbelegung von Teilebereitstellungssystemen im Arbeitsraum des Industrieroboters erhöht sich
die Möglichkeit, die Teilebereitstellungssysteme auf den
Iso-Linien kürzester Taktzeit zu plazieren. So wird beispielsweise bei Verwendung von Vibrationswendelförderern als
Teilebereitstellungssysteme anstelle von Flächenmagazinen
die Taktzeit reduziert. Je mehr Flächenmagazine und darüber
hinaus noch große Flächenmagazine durch Vibrationswendelförderer ersetzt werden, desto mehr Taktzeit kann eingespart

werden. Dabei muß allerdings beachtet werden, daß die Gesamtausbringung durch Verschlechterung der Verfügbarkeit
geringer werden kann.

Taktzeitoptimierungsmaßnahmen sind schließlich auch noch bei
der Detailplanung möglich, wenn bereits eine genaue Vorstellung der Montagestation und des Montageablaufs vorliegt.
Beispielsweise kann bei bestimmten Verfahrzyklen das dynamische Verhalten des Industrieroboters geändert werden
(z.B. Erhöhung der Beschleunigungs- und Geschwindigkeitswerte über die als Planungsbasis festgelegte 100%-Grenze
hinaus) oder es können einige Punkte des Montagezyklus
überschliffen werden. Eine höhenangepaßte Anordnung von
Systemkomponenten reduziert Hubzeitanteile beim Zubringen
und Fügen.

Zur Bewertung der beschriebenen Maßnahmen zur Taktzeitoptimierung wurden 80 Fallbeispiele mit unterschiedlichem Arbeitsinhalt im Versuch simuliert. Die Simulationsergebnisse
zeigt <u>Bild 9.</u> Dabei zeigt sich, daß jede Maßnahme erhebliche
Optimierungsreserven erschließen kann. Die Maßnahmen können
darüber hinaus in Kombination angewendet werden, wodurch
Synergieeffekte auftreten. Entscheidend ist jedoch, daß der
notwendige Informationsgehalt zur Anwendung der einzelnen
Maßnahmen unterschiedlich ist und nicht in allen Planungsphasen zur Verfügung steht. Dies ist bei der Entwicklung von
Konzepten zur Planung taktzeitoptmierter Montagestationen zu
berücksichtigen.

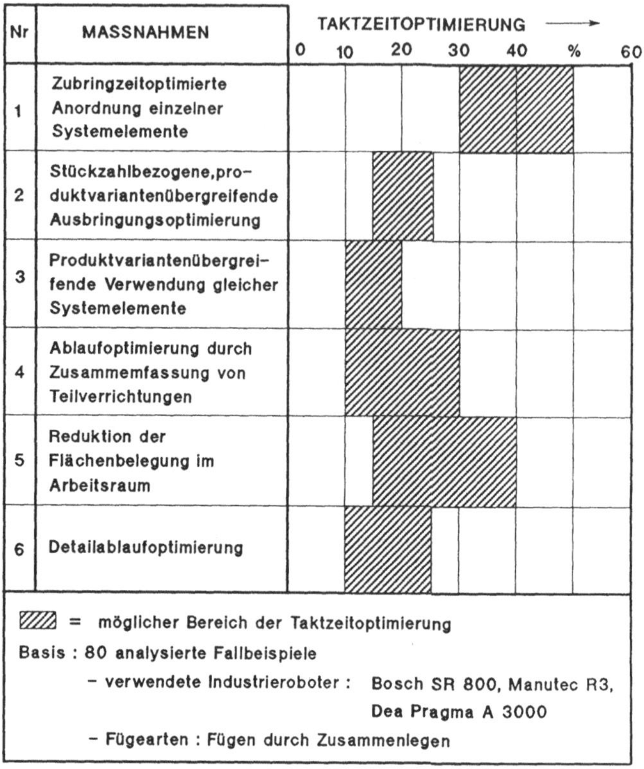

Nr	MASSNAHMEN	TAKTZEITOPTIMIERUNG → (0 10 20 30 40 % 60)
1	Zubringzeitoptimierte Anordnung einzelner Systemelemente	möglicher Bereich ≈ 30 – 50 %
2	Stückzahlbezogene, produktvariantenübergreifende Ausbringungsoptimierung	möglicher Bereich ≈ 15 – 25 %
3	Produktvariantenübergreifende Verwendung gleicher Systemelemente	möglicher Bereich ≈ 10 – 20 %
4	Ablaufoptimierung durch Zusammemfassung von Teilverrichtungen	möglicher Bereich ≈ 15 – 30 %
5	Reduktion der Flächenbelegung im Arbeitsraum	möglicher Bereich ≈ 20 – 40 %
6	Detailablaufoptimierung	möglicher Bereich ≈ 10 – 25 %

///// = möglicher Bereich der Taktzeitoptimierung

Basis : 80 analysierte Fallbeispiele

    – verwendete Industrieroboter : Bosch SR 800, Manutec R3, Dea Pragma A 3000

    – Fügearten : Fügen durch Zusammenlegen

Bild 9: Maßnahmen zur Optimierung der Stationstaktzeit und deren mögliche Auswirkung

3.4   Analyse des Planungsprozesses

3.4.1 Aufgaben bei der Planung taktzeitoptimierter flexibler Montagestationen

Die Detailanalyse der Vorgehensweise bei der Planung flexibler Montagesysteme dient der Aufstellung, zu welchem Zeitpunkt bei der Planung Taktzeiten berechnet werden sowie welche Informationen dabei zur Verfügung stehen. Diese Untersuchung bildet somit die Grundlage zur Entwicklung von

am Planungsprozeß orientierten Methoden und darauf aufbauend
zur Ableitung eines durchgängigen Konzeptes zur Planung
taktzeitoptimierter flexibler Montagestationen.

Bild 10 zeigt die allgemeine Vorgehensweise bei der Planung
und die Schnittstellen zu Aufgaben der Taktzeitberechnung. Die Vorgehensweise bei der Entwicklung von Montagekonzepten erfolgt dabei wechselseitig einerseits zur Planung
der Montagestation, andererseits zur Planung des Material-
flusses. Immer beschränkt sich die Taktzeitberechnung auf
Tätigkeiten oder Montagestationen. Zur Taktzeitbestimmung
des Gesamtsystems wird diese mit der größten auftretenden
Stationstaktzeit gleichgesetzt.

Zur Planung taktzeitoptimierter flexibler Montagestationen
werden vier Planungsphasen festgelegt. Planungsphase 1 dient
der Analyse der Montageaufgabe und daraus abgeleitet der
Festlegung von Vorgabezeiten für Teilverrichtungen. Darüber
hinaus werden grundlegende Daten für die Durchführung der
folgenden Planungsphasen aufgenommen. Die Verteilung der
Aufgaben auf Montagestationen und die Prognose der zu erwartenden Stationstaktzeiten in Abhängigkeit der für einen
Einsatz möglichen Industrieroboter erfolgt in Planungsphase
2 (aufgabenbedingte Kapazitätsverteilung). In der Planungsphase 3 werden in einer ersten Bearbeitungsstufe mögliche stationsinterne Montageabläufe (ablaufbedingte Kapazitätsverteilung) beschrieben. In einer zweiten Bearbeitungsstufe werden in Abhängigkeit dieser Ablaufvarianten,
möglicher Industrieroboter und möglicher Peripheriekompo-
nenten Lösungsfelder für Arbeitsprinzipien der Montagestation mit den entsprechend zu erwartenden Taktzeiten entwickelt. Die hierzu notwendigen Tätigkeiten sind sehr ar-
beitsintensiv, so daß in der Praxis diese Bearbeitungsstufe
nur unzureichend bearbeitet wird. Die aus diesem Lösungsfeld
ausgewählten Stationskonzepte werden in der Planungsphase 4
detailliert ausgearbeitet. Als Ergebnis liegt nach Bearbei-

tung dieser Planungsphase ein maßstäbliches 2 D-Layout der
Montagestation (Gestaltprinzip) mit einer genauen Beschreibung des Montageablaufs und der Stationstaktzeit vor.

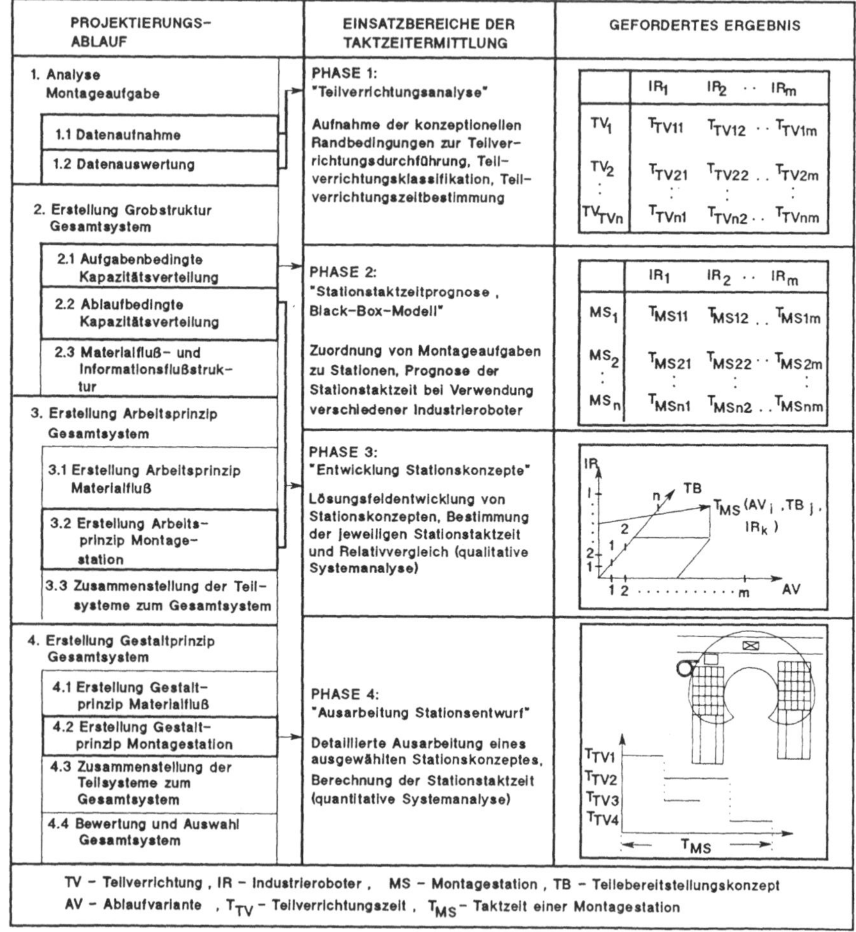

<u>Bild 10:</u> Festlegung von am Planungsprozeß orientierten
Einsatzbereichen der Taktzeitermittlung und deren
Ergebnis

3.4.2 Informationen zur Taktzeitberechnung

Zur Festlegung des Untersuchungsspektrums und zur Ableitung von Anforderungen an die Berechnungsgenauigkeit der
Taktzeitelemente im Planungsprozeß wurden in einer Delphi-
Umfrage Planungsexperten nach den wesentlichen Einflußfaktoren, die bei der Berechnung der Taktzeitelemente im Stadium
der Planung zu berücksichtigen sind sowie nach dem Zeitpunkt, wann diese Informationen zur Verfügung stehen, befragt. In Bild 11 sind die Analyseergebnisse dargestellt.

Erfahrungsgemäß sind die einzelnen Taktzeitelemente stark
abhängig von den verwendeten Systemkomponenten. Taktzeitbe-
einflussend bei der Wahl der Industrieroboter sind der kinematische Aufbau sowie die statischen/dynamischen Parameter
des Gerätes, die Steuerung und das Antriebsprinzip. Bei den
Greifern wirkt sich das Antriebsprinzip und das Kraftübertragungsprinzip beeinflussend auf die Greifzeit aus. Das
Greiferwechselsystem wird unter Taktzeitgesichtspunkten im
wesentlichen durch das Übergabeprinzip der Greifer, das
Transportsystem durch die dynamischen Parameter und der
Schrauber durch die entsprechende Drehzahl charakterisiert.
Nach Festlegung der Systemkomponenten können weitere ent-
scheidende Einflußfaktoren aufgeführt werden.

Ein Problem bei der Berechnung der einzelnen Taktzeitelemente besteht darin, daß die hierfür notwendigen Informationen nicht immer zur Verfügung stehen. Die starke Abhängigkeit von den Systemkomponenten wird dabei als größtes Problem angesehen, da diese teilweise gerade in frühen Planungsstadien oftmals noch gar nicht bekannt sind. Da aber
bereits in frühen Planungsstadien Aussagen über Taktzeiten
getroffen werden müssen und diese Aussagen entscheidend die
Planung beeinflussen, sind Verfahren/Methoden zu entwickeln,
mit denen qualitative Zusammenhänge möglichst genau quanti-
fiziert werden können.

TAKTZEITELEMENTE	EINFLUßFAKTOREN	PHASEN DER TAKTZEITERMITTLUNG			
		1	2	3	4
Handhabungsbedingte Zubringzeit T_{HZ}	Verwendeter Industrieroboter	▼	▼	▼	●
	Verfahrvorschrift	□	□	□	●
	Verfahrweg/Trajektorie	□	□	▼	●
	Handhabungsgewicht	●	●	●	●
Handhabungsbedingte Fügezeit T_{HF}	Verwendeter Industrieroboter	▼	▼	▼	●
	Fügeweg	●	●	●	●
	Fügeort im Arbeitsraum	●	●	●	●
	Fügetoleranz	●	●	●	●
Greifzeit T_{GR}	Verwendeter Greifer	□	□	□	●
	Backenhub	▼	●	●	●
	Programmierbarkeit	▼	●	●	●
Greiferwechselzeit T_{GW}	Verwendetes Greiferwechselsystem	□	□	▼	●
	Greiferwechselsystemgeometrie	□	□	▼	●
Verkettungsbedingte Zubringzeit T_{VZ}	Verwendetes Teilebereitstellungssystem	●	●	●	●
	Zubringweg	□	□	▼	●
	Transportlast	●	●	●	●
	Indexierung / Fixierung	□	□	▼	●
Schraubprozeßbedingte Fügezeit T_{SP}	Verwendeter Schrauber	●	●	●	●
	Anzugsverfahren	●	●	●	●
	Einschraublänge	●	●	●	●

● – Information bekannt, Alternativen
▼ – Information teilweise bekannt
□ – Information nicht bekannt

Phasen der Taktzeitermittlung

1 – Teilverrichtungsanalyse
2 – Stationstaktzeitprognose, Black-Box-Modell
3 – Entwicklung Stationskonzepte
4 – Ausarbeitung Stationsentwurf

Bild 11: Einflußfaktoren auf die Berechnung der Taktzeitelemente und deren Kenntnis im Planungsprozeß (Ergebnisse einer Delphi-Befragung)

4 Konzeption des Verfahrens zur Planung taktzeitoptimierter flexibler Montagestationen

4.1 Anforderungen an das Planungssystem

4.1.1 Anforderungen aus Benutzersicht

Zur Gewährleistung einer Anwendbarkeit der zu entwickelnden Hilfsmittel wird die Umsetzung der Ergebnisse in ein rechnergestütztes Planungssystem angestrebt. Hierzu werden zunächst grundlegende Anforderungen aus Benutzersicht aufgestellt (Bild 12).

ANFORDERUNGEN AUS BENUTZERSICHT

- Keine Einschränkung der Kreativität des Benutzers
- Entlastung des Benutzers von routinemäßigen Arbeiten
- Anleitung zur systematischen Projektbearbeitung
- Schnelle, zielorientierte Erstellung von Ergebnissen
- Gezielte, übersichtlich dokumentierte und nachvollziehbare Ergebnisse
- Dokumentation der Ergebnisse in "Lang-und Kurzfassung"
- Graphische Darstellung des Layouts
- Darstellung alternativer Grobkonzepte in einem Lösungsfeld (Relativvergleich) mit einer Absolutgenauigkeit von ±15%
- Absolutgenauigkeit des Endergebnisses von ±10%

Bild 12: Wesentliche Anforderungen aus Sicht des Benutzers an ein System zur Planung taktzeitoptimierter flexibler Montagestationen

Der Planer soll von routinemäßigen Arbeiten entlastet aber gleichzeitig durch die aufeinander abzustimmenden Methoden zu einer systematischen Projektbearbeitung angeleitet werden. Dabei soll und kann die Kreativität des Planers nicht eingeschränkt werden. Der Rechner dient als Hilfsmittel zur schnellen Verarbeitung von Eingabeinformationen und Darstellung der Ergebnisse, die der Planer wiederum bewerten muß.

Die Qualität der zu entwickelnden Hilfsmittel hängt im
wesentlichen von den Ergebnissen ab, die die Hilfsmittel
liefern. Die Ergebnisse müssen fachlich abgesichert sein und
darüber hinaus übersichtlich dokumentiert sein. Bei der
Dokumentation erscheint es sinnvoll, in eine Langfassung, in
der alle Schritte, die zur Entwicklung der Ergebnisse notwendig waren, aufgeführt sind, sowie in eine Kurzfassung,
die diskrete Ergebnisse darstellt, zu unterscheiden. Graphische Darstellungen erhöhen dabei den Wert der Dokumentation. Die Entwicklung der unterschiedlichen Methoden legt
nahe, auch unterschiedliche Anforderungen an die Ergebnis-
genauigkeit zu stellen. Layoutkonzepte werden dabei einmal
in der Planungsphase 3 erstellt. Hierzu wird eine Berechnungsgenauigkeit der Gesamttaktzeit von ± 15 % angestrebt.
Ausgehend von einem Relativvergleich der Konzepte unterei-
nander werden in der Planungsphase 4 ausgewählte Konzepte
detailliert ausgearbeitet. Hier wird eine Berechnungsgenauigkeit der Gesamttaktzeit von ± 10 % gefordert.

4.1.2 Anforderungen aus Sicht der elektronischen Datenver-
arbeitung

Die in **Bild 13** aufgeführten Anforderungen aus Sicht der
elektronischen Datenverarbeitung werden in softwarespezifi-
sche und hardwarespezifische Anforderungen unterschieden.

Softwarespezifisch sind eigenständige Methoden zu entwickeln, die über definierte systeminterne und systemexterne
Schnittstellen kommunikationsfähig sind. Dabei findet u.a.
auch ein Zugriff auf Wissensbanken und Graphikbibliotheken
statt. Rechnergestützte Methoden bzw. Hilfsmittel kommunizieren über definierte Schnittstellen mit dem Benutzer. Die
Auslegung dieser Schnittstellen ist daher eine wichtige Aufgabe bei der Entwicklung. Der Benutzer muß mittels über-
sichtlicher Bildschirmmasken mit dem System kommunizieren
können, Fehleingaben müssen vom System erkannt werden. Zur
Benutzerunterstützung sind ein Laienmodus und ein Experten-

modus anzubieten.

Die Zielhardware sind am Markt etablierte Personalcomputer
mit entsprechenden graphischen und alphanumerischen Ein- und
Ausgabegeräten.

ANFORDERUNGEN AUS DATENVERARBEITUNGSSICHT

- Übersichtliche, maskenorientierte Dateneingabe
- Schutzfunktion vor Fehleingabe
- Eigenständig funktionsfähige Methoden
- Definierte systeminterne und systemexterne
  Schnittstellen
- Laienmode/Expertenmode, Help-Funktionen
- Wissensbank für Taktzeitelemente
- Getrennte Methoden-und Wissensbasis
- Graphikbibliothek mit CAD-Funktionen
- Zielrechner: Personalcomputer
- Graphische und alphanumerische Ein-/Ausgabegeräte

Bild 13: Wesentliche Anforderungen aus Sicht der elektronischen Datenverarbeitung an ein System zur Planung
taktzeitoptimierter flexibler Montagestationen

4.1.3 Anforderungen an die Berechnungsgenauigkeit von Takt-
zeitelementen

Zur Erreichung der festgelegten Anforderungen an die Genauigkeit bei der Taktzeitberechnung von Montagestationen werden Anforderungen an die Berechnungsgenauigkeit der einzelnen Taktzeitelemente festgelegt. Grundlage dabei ist zum einen der durchschnittliche Anteil des Taktzeitelements an
der Gesamttaktzeit, zum anderen die Analyse der Aus-
gangsinformation zur Berechnung der Taktzeitelemente. Zur
Festlegung der Anforderungen an die Berechnungsgenauigkeit
werden Genauigkeitsklassen, die in ± 5 % Schritten gestuft
sind, definiert. Je höher der Zykluszeitanteil des einzelnen
Taktzeitelements ist und je mehr Informationen zur Berechnung zur Verfügung stehen, desto höher muß die Anforderung

an die Berechnungsgenauigkeit gestellt werden. Mit den in
<u>Bild 14</u> festgelegten Genauigkeitsklassen für die Taktzeit-
berechnung werden die Anforderungen an die Genauigkeit der
Stationstaktzeitberechnung von $< \pm 15$ % für die Planungsphase 3 und $< \pm 10$ % für die Planungsphase 4 erfüllt.

AUSGEWÄHLTE TAKTZEITELEMENTE		Anteil an der Stationstakt-zeit (%)	GEFORDERTE BERECHNUNGSGENAUIGKEITSKLASSE	
			Phase 3:"Entwicklung Stationskonzepte"	Phase4:"Ausarbeitung Stationsentwurf"
Handhabungsbedingte Zubringzeit	T_{HZ}	64	Klasse 2	Klasse 1
Handhabungsbedingte Fügezeit	T_{HF}	11	Klasse 3	Klasse 2
Greifzeit	T_{GR}	6	Klasse 5	Klasse 3
Greiferwechselzeit	T_{GW}	9	Klasse 5	Klasse 3
Verkettungsbedingte Zubringzeit	T_{VZ}	5	Klasse 4	Klasse 3
Schraubprozeßbedingte Fügezeit	T_{SP}	5	Klasse 4	Klasse 3
Theoretische Berechnungsgenauigkeit der Montage-stationstaktzeit (%)			$\pm 14,5$	$\pm 8,1$

Berechnungsgenauigkeit

Klasse 1 : $\leq \pm$ 5% Berechnungsunsicherheit   Klasse 4 : $< \pm$ 20% Berechnungsunsicherheit
Klasse 2 : $\leq \pm$ 10% Berechnungsunsicherheit   Klasse 5 : $\leq \pm$ 30% Berechnungsunsicherheit
Klasse 3 : $\leq \pm$ 15% Berechnungsunsicherheit

<u>Bild 14:</u>   Anforderungen an die Berechnungsgenauigkeit der
Taktzeitelemente zur Taktzeitberechnung flexibler
Montagestationen

4.2 Strategie zur Planung taktzeitoptimierter flexibler Montagestationen

Die Konzeption der Strategie zur Planung taktzeitoptimierter flexibler Montagestationen erfordert zum einen die Zuordung der möglichen Optimierungsmaßnahmen zu den festgelegten Planungsphasen, zum anderen die Festlegung, wann und mit welcher Berechnungsmethode die Taktzeiten der Tätigkeiten in der flexiblen Montagestation berechnet werden (Bild 15).

PLANUNGSPHASE	OPTIMIERUNGS-MAßNAHMEN	BERECHNUNGSMETHODEN					
		T_{HZ}	T_{HF}	T_{GR}	T_{GW}	T_{VZ}	T_{SP}
Phase 1 "Teilverrichtungsanalyse"	keine	●	■	■	—	—	■
Phase 2 "Stationstaktzeitprognose Black - Box - Modell"	1, 2, 3	●	▲	▲	●	●	▲
Phase 3 "Entwicklung Stationskonzepte"	1, 2, 3 4, 5	■	▲	▲	■	■	▲
Phase 4 "Ausarbeitung Systementwurf"	6	■	▲	■	■	■	▲

Optimierungsmaßnahmen :

1 = Zubringzeitoptimierte Anordnung einzelner Systemelemente
2 = Stückzahlbezogene, produktvarianten-übergreifende Ausbringungsoptimierung
3 = Produktvariantenübergreifende Verwendung gleicher Systemelemente

4 = Ablaufoptimierung durch Zusammenfassung von Teilverrichtungen
5 = Reduktion der Flächenbelegung im Arbeitsraum
6 = Detailablaufoptimierung

Berechnungsmethoden :

— = Berechnung des Zeitwertes entfällt
● = Regel zur Abschätzung des Zeitwertes

■ = Berechnung des Zeitwertes
▲ = Übernahme des berechneten Zeitwertes

Taktzeitelemente :

T_{HZ} = Handhabungsbedingte Zubringzeit
T_{HF} = Handhabungsbedingte Fügezeit
T_{GR} = Greifzeit

T_{GW} = Greiferwechselzeit
T_{VZ} = Verkettungsbedingte Zubringzeit
T_{SP} = Schraubprozeßbedingte Fügezeit

Bild 15: Anwendung von Methoden zur Taktzeitberechnung und Maßnahmen zur Taktzeitoptimierung bei der Planung taktzeitoptimierter flexibler Montagestationen

Bei der Analyse der Teilverrichtungen sind die Optimierungsmaßnahmen nicht anwendbar, da sich diese Maßnahmen auf die
Optimierung von Montagestationen beziehen. Bei der Stationstaktzeitprognose sind bereits bei der Verteilung der
Montageaufgaben Optimierungsmaßnahmen zu berücksichtigen, die
die Optimierung der Ausbringung bei Betrachtung der gesamten
Produktionsaufgabe bewirken. Diese und weitere Optimierungsmaßnahmen, die nach Zuordnug des Arbeitsinhaltes zu einer
Station möglich sind, sind bei der Entwicklung alternativ
möglicher Stationskonzepte anzuwenden.

Bei der Ausarbeitung des Systementwurfs werden lediglich
noch Maßnahmen durchgeführt, die den Montageablauf im Detail
optimieren. Durch die Abstimmung von Optimierungsmaßnahmen
zum jeweiligen Konkretisierungsgrad bei der Planung wird
eine schrittweise, zielorientierte Planung von taktzeitoptimierten Stationskonzepten ermöglicht.

Prinzipiell analog ist die Vorgehensweise bei der Taktzeitbestimmung. Taktzeitelemente, die bereits in der Analysephase genau bestimmbar sind, werden in diesem Planungsstadium berechnet. Der Rechenwert wird in den folgenden Planungsphasen übernommen. Problematisch ist die Berechnung von
handhabungsbedingten Zubringzeiten, Greiferwechselzeiten und
verkettungsbedingten Zubringzeiten in den Planungsphasen 1
und 2, da die hierzu notwendigen Informationen nicht vorliegen. Zur Berechnung dieser Zeitanteile sind Methoden/Regeln
zu entwickeln, mit denen eine ausreichende Berechnungsgenauigkeit dieser Taktzeitelemente erreicht werden kann. Diese
prognostizierten Rechenwerte werden im weiteren Verlauf der
Planung durch die jeweiligen berechneten Werte ersetzt.

4.3 Rechnerspezifische Konzeption des Planungssystems

Gemäß dem aufgeführten Anforderungskatalog wird ein DV-Konzept
erstellt, das in <u>Bild 16</u> dargestellt ist. Das DV-Konzept ist
dabei nach /61/ als Methodenbanksystem ausgeführt. Die

Methoden sind in einer Methodenbasis zusammengefaßt, über
eine zentrale Ablaufsteuerung findet ein Zugriff auf wis-
sensbasierte Daten, beispielsweise Taktzeitinformationen
bzw. Simulationsmodelle oder Geometriemodelle statt. Die
zentrale Ablaufsteuerung koordiniert darüber hinaus den
Benutzerzugriff sowie die Benutzerunterstützung. Die Informationen und Ergebnisse werden in speziell hierfür vorgesehene Files abgelegt, getrennt nach Zugehörigkeit in unterschiedliche Files für Projektinformationen, Stationsinfor-
mationen und Teilverrichtungs-/Taktzeitinformationen. Die
Files erhalten Platzhalter, in die sukzessive während der
Projektbearbeitung Daten neu eingeschrieben bzw. bereits
erzeugte Daten aktualisiert werden. Als Zielrechner wird ein
Personalcomputer mit dem Betriebssystem MS-DOS festgelegt.

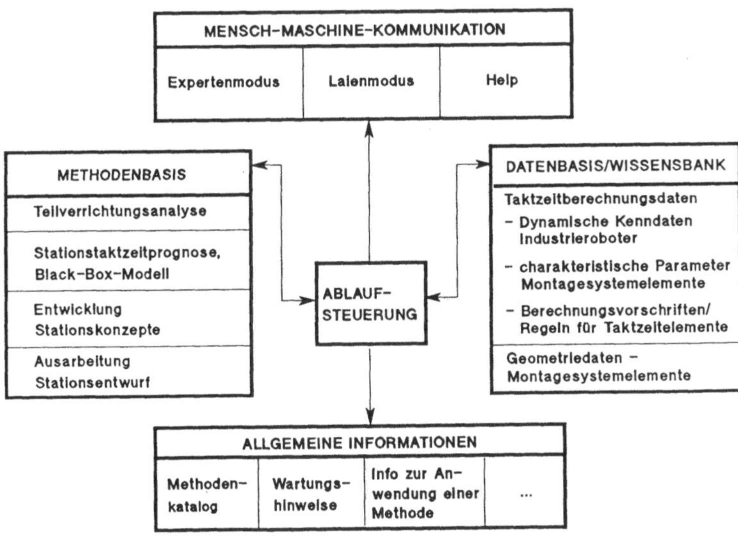

Bild 16: DV-Konzept des rechnergestützten Systems zur Planung taktzeitoptimierter flexibler Montagestationen

5   Versuchsdurchführung zur Quantifizierung von Takt-
        zeitelementen

5.1   Durchführung und Ergebnisse der Versuche

5.1.1   Untersuchung von handhabungsbedingten Zubringzeiten

5.1.1.1 Einfluß der Verfahrvorschrift

Neben der eigentlichen Start- und Zielposition einer zu
verfahrenden Strecke ist ebenfalls der Verfahrbefehl zum
Zielpunkt von Bedeutung. Bewegungsabschnitte in der Montage
bestehen häufig aus Hubelementen und horizontalen Bewegungselementen. Dabei kann der diese Bewegungselemente verbindende Punkt mit der Verfahrvorschrift "Fahre über" überschliffen und damit die Bewegungszeit verkürzt werden.

In Bild 17 sind beispielhaft Versuchsergebnisse der poten-
tiellen Zeitersparnis des Verfahrbefehls "Fahre über" im
Vergleich zum Verfahrbefehl "Fahre nach" bei unterschiedlichen Längen des Hubelements und des horizontalen Bewegungs-
elements dargestellt. Die dynamischen Achsparameter Beschleunigung und Geschwindigkeit der einzelnen Industrieroboter
sind dabei mit 100 % vorgegeben. Im Mittel ergibt sich eine
Zeitersparnis von ca. 27 % für den Industrieroboter Bosch SR
800, von ca. 24 % für den Industrieroboter Manutec R3 sowie
von ca. 22 % für den Industrieroboter Dea Pragma A 3000.

Diese Werte gelten für Streckenabschnitte, die für die Hub-
wege in der angegebenen Größenordnung liegen, die horizontalen Streckenabschnitte können deutlich höhere Werte annehmen. Dies sind für die Montage realistische Randbedingungen.

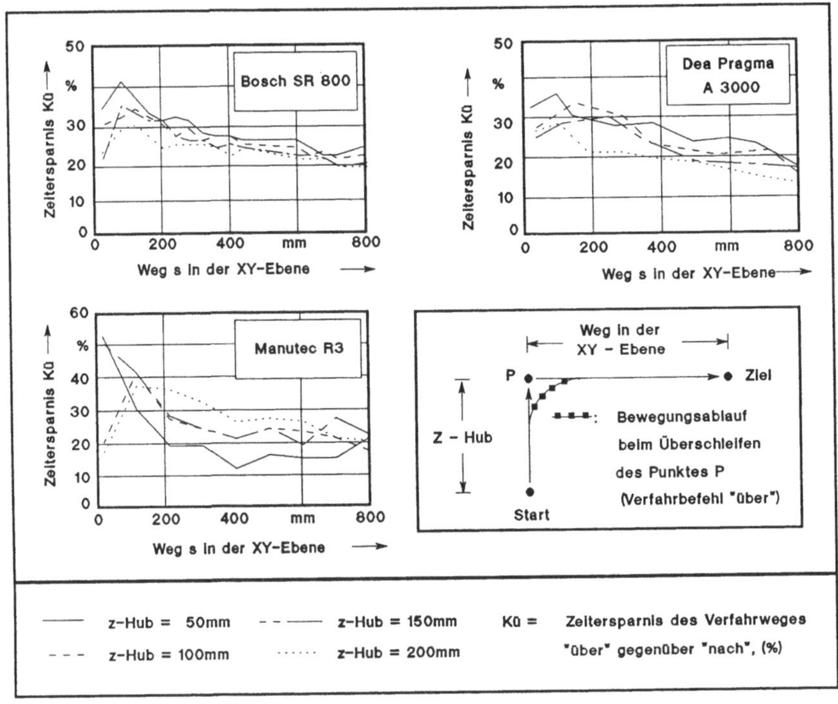

Bild 17: Einsparung von handhabungsbedingten Zubringzeiten
durch Überschleifen eines Bewegungspunktes

5.1.1.2 Einfluß des Handhabungsgewichts

Zur Untersuchung des Einflusses des Handhabungsgewichts auf
die handhabungsbedingte Zubringzeit wurden bei verschiedenen
Bewegungszyklen Werkstücke gehandhabt und dabei die Abweichung der Verfahrzeit gegenüber dem jeweiligen Bewegungs-
zyklus mit Handhabungsgewicht 0 N gemessen. Die Werkstück-
gewichte betrugen 50 N für die Untersuchung des Industrieroboters Bosch SR 800, 150 N für die Untersuchung des Industrieroboters Manutec R3 sowie 100 N für die Untersuchung
des Industrieroboters Dea Pragma A 3000. Dies entspricht der
Nennlast des jeweiligen Gerätes. Die Bewegungszyklen setzten
sich aus unterschiedlichen Hubelementen und horizontalen

Bewegungselementen zusammen. Die Bewegungszyklen wurden im
CP- sowie im PTP-Betrieb abgefahren, der die Bewegungselemente verbindende Punkt wurde sowohl angefahren als auch
überschliffen. Der als Ergebnis der Delphi-Befragung erwar-
tete Einfluß des Handhabungsgewichts auf die Taktzeit konnte
dabei nicht bestätigt werden,zumal das laut Analyse üblicherweise vorkommende maximale Handhabungsgewicht von 50 N,
mit Ausnahme bei der Untersuchung des Industrieroboters
Bosch SR 800, deutlich überschritten wurde.Die zeitliche
Abweichung im Vergleich zur Bewegung mit Handhabungsgewicht
0 N lag im Bereich der Meßungenauigkeit. Voraussetzung ist
allerdings, daß die 100%-Grenze für die dynamischen Achsparameter Beschleunigung und Geschwindigkeit nicht überschritten wird. Dann können selbst im Dauerbetrieb bei kur-
zen Bewegungsabschnitten thermische Überhitzungseffekte der
Achsmotoren ausgeschlossen werden. Diese Bedingungen sind
aber auch vor allem in Hinblick auf das als Anwendungsziel-
bereich vorgesehene frühe Projektierungsstadium unbedingt
einzuhalten.

5.1.1.3 Einfluß des Schwingungsverhaltens

Der Industrieroboter wird bei Abbremsung zu Schwingungen
angeregt. Dadurch ist die Ausgangsposition des Endeffektors
und damit die Ausgangssituation für die Durchführung des
Folgevorgangs nicht exakt definiert. Als Abklingzeit wird
die Zeit festgelegt, bei der die Schwingungsamplitude den
Wert von 0,5 mm unterschreitet (Fügetoleranz 1,0 mm). Bei
der Bestimmung der Taktzeit in einer flexiblen Montagestation ist dieser Effekt durch Zugabe einer Abklingzeit bei
der handhabungsbedingten Zubringzeit zu berücksichtigen.

Die Konzeption des Industrieroboters, z.B. konstruktiver
Aufbau, verwendete Getriebe etc. beeinflusst stark die
Abklingzeit. Diese muß daher in jedem Fall geräteabhängig
bestimmt werden. Darüberhinaus hängt die Abklingzeit von dem
Gewicht und der Geometrie des Handhabungsgegenstandes, vom

Ort der Abbremsung im Arbeitsraum, sowie von den dynamischen
Daten Beschleunigung und Geschwindigkeit des Industrieroboters bei der Abbremsung ab. Für die Taktzeitberechnung im
Projektierungsstadium ist dabei lediglich von Interesse,
welche Größenordnung die Abklingzeit einnimmt. In <u>Bild 18</u>
sind beispielhafte Messungen der Abklingzeit bei maximaler
Abbremsung, verschiedenen Verfahrgeschwindigkeiten und verschiedenen Bewegungszyklen für den Industrieroboter Bosch SR
800 dargestellt. Als Handhabungsgegenstand wurde ein asymme-

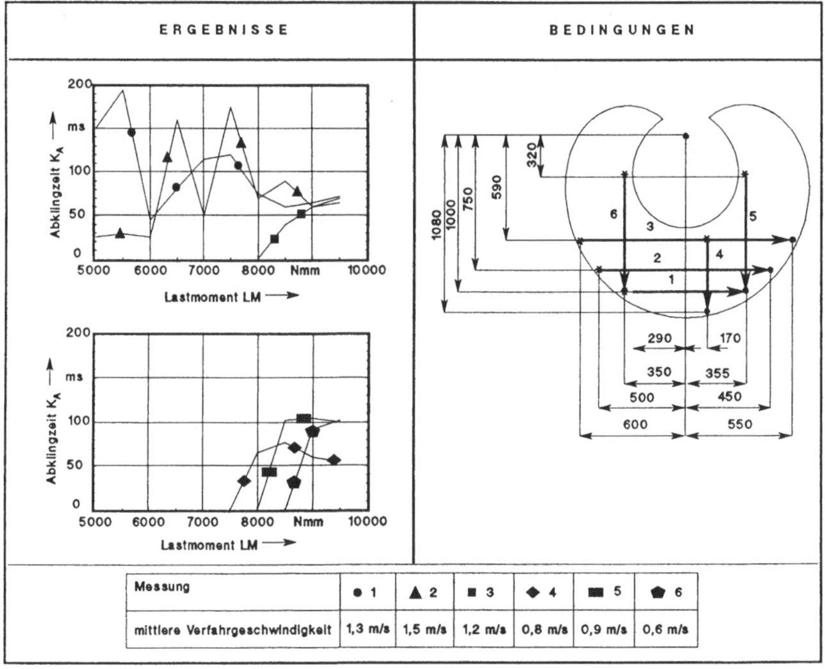

Messung	● 1	▲ 2	■ 3	◆ 4	▬ 5	⬟ 6
mittlere Verfahrgeschwindigkeit	1,3 m/s	1,5 m/s	1,2 m/s	0,8 m/s	0,9 m/s	0,6 m/s

<u>Bild 18:</u> Darstellung der Abklingzeiten bei verschiedenen
Abbremsbedingungen am Beispiel des Industrieroboters Bosch SR 800

trisches Werkstück mit dem für den untersuchten Industrieroboter maximalen Handhabungsgewicht von 50 N verwendet, was

zu einer exzentrischen Belastung führte. Die Z-Achse war
zudem ausgefahren. Die Messungen zeigen, daß Größenordnungen
der Abklingzeiten von 50 bis 150 ms erreicht werden. Diese
Größenordnung der Abklingzeit ergab sich auch bei analog
durchgeführten Untersuchungen für die Industrieroboter Manutec R3 und Dea Pragma A 3000.

Die Abklingzeiten bei konzentrischer Belastung sind durchweg
geringer. Da in der Regel jedoch in der Montage nicht sym-
metrische Gegenstände gehandhabt werden, sind die Abkling-
zeitmessungen bei exzentrischer Belastung zu berücksichtigen. Diese Zeitanteile werden den Verweilzeiten von handhabungsbedingten Zubringzeiten zugeordnet.

5.1.1.4 Einfluß der Industrieroboutersteuerung

Eine Industrieroboutersteuerung setzt Programmanweisungen in
Bewegungsanweisungen für die Antriebssysteme des Industrieroboters um. Hierzu sind Programmlaufzeiten notwendig, die
die Zeit des Bewegungsvorgangs beeinflussen. Diese sind
stark von der jeweiligen Steuerungsgeneration abhängig und
damit gerätespezifisch.

Zur Umsetzung eines Startsignals in eine Bewegungsanweisung
ist eine Satzvorbereitungszeit erforderlich. Die Satzvorbereitungszeit der untersuchten Versuchsträger ist unterschiedlich, gemeinsames Merkmal ist jedoch der relativ hohe
prozentuale Anteil der Satzvorbereitungszeit an der Verfahrzeit bei kleinen Strecken-/Winkelabschnitten. Diese
Strecken-/Winkelabschnitte wurden dabei mit den maximal möglichen Beschleunigungs- und Geschwindigkeitswerten der einzelnen Industrieroboter abgefahren, wobei der Bereich kon-
stanter Geschwindigkeit bei diesen kleinen Bewegungsabschnitten nicht erreicht wird. In Bild 19 ist jeweils der
durchschnittliche Satzvorbereitungszeitanteil der Verfahrzeit der einzelnen Dreh- bzw. Linearachsen der untersuchten
Industrieroboter aufgetragen. Eine Nichtberücksichtigung der

Satzvorbereitungszeit führt vor allem bei in einem Stations-
zyklus mehrfach auftretenden kleinen Strecken-/Winkelab-
schnitten zu größeren Rechenfehlern.

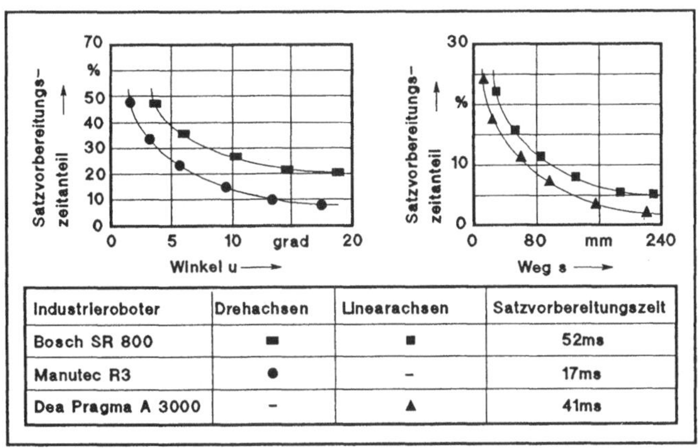

Industrieroboter	Drehachsen	Linearachsen	Satzvorbereitungszeit
Bosch SR 800	■	■	52ms
Manutec R3	●	–	17ms
Dea Pragma A 3000	–	▲	41ms

Bild 19: Anteil der Satzvorbereitungszeit an der
          handhabungsbedingten Zubringzeit beim Verfahren
          kleiner Strecken-/Winkelabschnitte

Neben den Satzvorbereitungszeiten wurden im weiteren die
Befehlslängen für die häufigsten Programmanweisungen eines
IR-Ablaufprogrammes untersucht. In Bild 20 sind die durch-
schnittlich gemessenen Laufzeiten bezogen auf die verwendeten Versuchträger dargestellt.
Eine Untersuchung der Ablaufprogramme realisierter Montagesysteme ergab einen durchschnittlichen Anteil der Programm-
ausführungszeiten an der Gesamttaktzeit von 3,5 %. Diese
Verweilzeit kann nicht direkt einem Taktzeitelement zugeordnet werden und ist somit als Reduktion der für einen Arbeitsinhalt zur Verfügung stehenden Gesamttaktzeit auch im Projektierungsstadium zu beachten.

PROGRAMMANWEISUNGEN	Ø LAUFZEIT (ms)		
	BOSCH SR 800	MANUTEC R 3	DEA PRAGMA A 3000
Ausgang setzen	17,8	3,4	21,3
Warteschleifen setzen	19,3	11,9	27,8
Unterprogrammsprung	< 1	5,4	3,6
Wiederholschleife	1,4	4,8	5,7
Externes Programm anspringen	< 1	4,4	3,8
Sprung mit Marke	< 1	11,9	9,4
IF – Abfrage	< 1	8,9	7,3
Eingang abfragen	45,1	30,2	54,2
Ø Anteil der Laufzeiten von Programmanweisungen an der Gesamttaktzeit einer Montagestation:			3,5%

Bild 20: Durchnittliche Laufzeiten für Programmanweisungen der untersuchten Industrieroboter
und Anteil an der Montagestationstaktzeit

5.1.2 Untersuchung von handhabungsbedingten Fügezeiten

5.1.2.1 Einfluß der Fügetoleranz

Anhand verschiedener Fügeversuche "Bolzen in Loch" wurde der
Einfluß der Fügetoleranz auf die mögliche Fügezeit untersucht. Der als Fügeteil dienende Bolzen war als Hohlkörper
ausgeführt. Durch die Befüllung mit unterschiedlichen Ge-
wichten wurde als weiterer Versuchsparameter das Gewicht
des Fügeteils variiert. In **Bild 21** sind die Ergebnisse der
Versuche dargestellt. Das Handhabungsgewicht hatte praktisch
keinen Einfluß auf die Fügezeit. Bei allen drei untersuchten
Industrierobotern nimmt die Fügezeit mit kleiner werdender
Toleranz zu. Je nach Fügeweg kann die Fügezeit bei unterschiedlichen Fügetoleranzen in der Größenordnung 0,5 s bis
1,2 s differieren. Dies sind auch absolut betrachtet Zeit-

werte, die bei der Taktzeitberechnung in einer flexiblen
Montagestation berücksichtigt werden müssen.

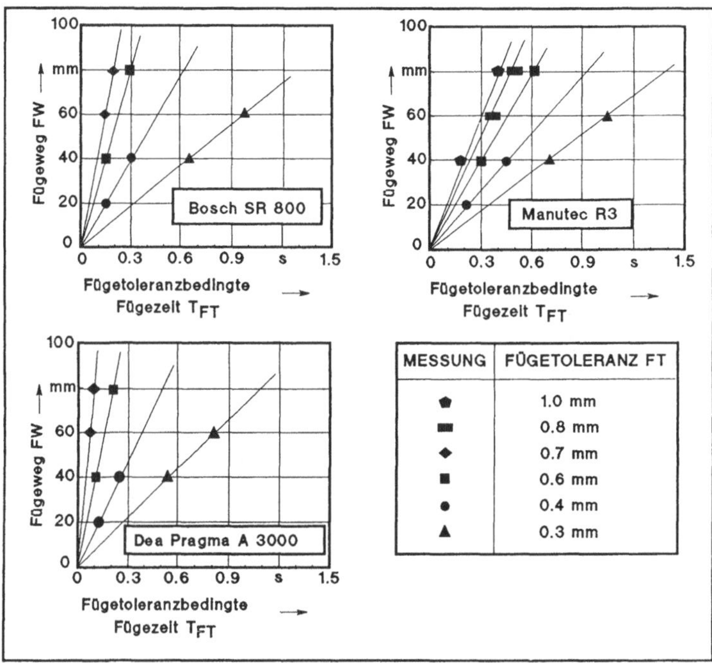

Bild 21: Einfluß der Fügetoleranz auf die Fügezeit bei unterschiedlichen Fügewegen und Industrierobotern

5.1.2.2 Einfluß des Fügeorts

Zur Untersuchung des Einflusses des Fügeorts auf die Fügezeit wurde ein Fügeversuch an einer definierten Position des
jeweiligen IR im Arbeitsraum als Referenzmessung durchgeführt. Als Fügeposition wurde der Schnittpunkt der Halbie-
renden des Arbeitsraumes mit der Mittelsenkrechten zum Aufstellungsort gewählt. Bei der Durchführung der Referenzmessung wurde ebenfalls die Fügetoleranz variiert. Die wei-

teren Fügeversuche wurden auf der Mittelsenkrechten zum Aufstellungsort bei Variation der Ausladung durchgeführt.

In <u>Bild 22</u> sind die Versuchsergebnisse dargestellt. Die Untersuchung des Industrieroboters Dea Pragma A 3000 ergab keinen Einfluß des Fügeorts auf die Fügezeit bei diesem Gerät. Bei den Industrierobotern Bosch SR 800 und Manutec R3 ist ein deutlicher Einfluß festzustellen und zwar mit gegenläufiger Tendenz. Bei beiden Industrierobotern variiert das Stabilitätsverhalten bei unterschiedlichen Armstellungen und Fügegeschwindigkeiten. Beim Bosch SR 800 nimmt die mögliche Fügezeit im Vergleich zur Referenzmessung bei zunehmender Ausladung ab. Dies ist durch die höhere Steifigkeit der kinematischen Kette, z.B. bei Stellung 1 gegenüber Stel-

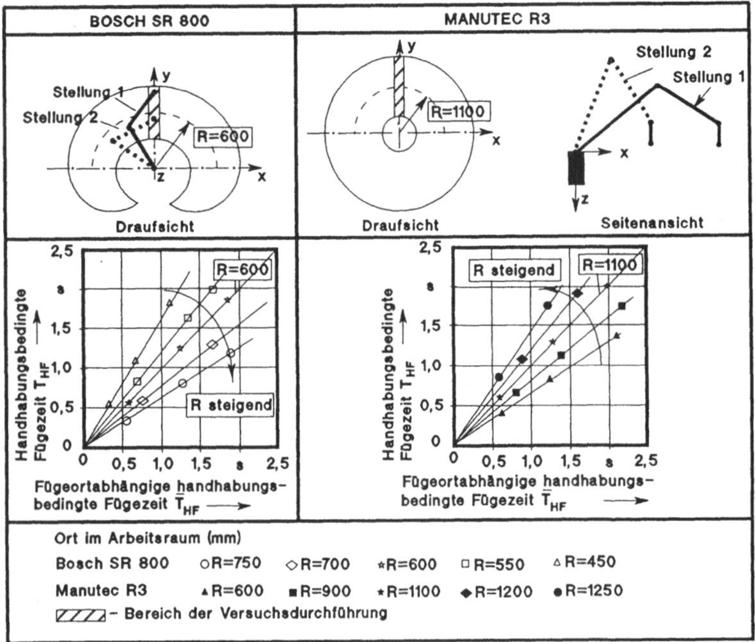

<u>Bild 22:</u> Einfluß des Fügeorts auf die Fügezeit bei unterschiedlichen Industrierobotern

lung 2 in Bild 22, bei Bewegung einer Masse in z-Richtung
begründet. Beim Manutec R3 hingegen ist das Massenträgheits-
moment bezogen auf den Aufstellungsort in Stellung 1 höher
als in Stellung 2. Dies führt zu einer Zunahme der möglichen
Fügezeit in Bezug auf die Referenzmessung bei zunehmender
Ausladung. Die dargestellten Kurven sind dabei unabhängig
von der Fügetoleranz. Der Einfluß des Fügeorts muß daher bei
der Fügezeitberechnung bei Verwendung von Horizontal- und
Vertikalknickarmrobotern berücksichtigt werden.

5.1.3 Untersuchung von Greifzeiten

Die experimentelle Untersuchung verschiedener Greifertypen
ergab bei Einzweckgreifern einen Zeiteinfluß des Greifweges
im Millisekundenbereich. Dies gilt bei pneumatisch angetrie-
benen Greifern bei einer Energiezuführung von ca.1 m ausgehend vom Anschlußventil bis zum Greiferflansch. Wesentlich
stärkeren Einfluß haben steuerungsbedingte Zeitanteile zur
Einleitung des Greifvorganges bzw. zur Freigabe für den
Folgevorgang.

Bei programmierbaren Greifern hat der Greifweg wesentlich
stärkeren Einfluß. Dabei ist das Spektrum des Meßbereichs
relativ groß (Bild 23). Erschwerend kommt hinzu, daß programmierbare Greifer gerade auch bei Integration von Sensor-
funktionen wie auch Einzweckgreifer in der Regel Sonderkon-
struktionen sind, so daß eine Klassifikation und daraus abgeleitet die Bestimmung von Zeitwerten nur mit hohem Beschreibungsaufwand durchgeführt werden kann. Dies erscheint
in Anbetracht des geringen Zeitanteils an der Gesamttaktzeit
gemäß der geringen Anforderungen an die Berechnungsgenauigkeit nicht sinnvoll.

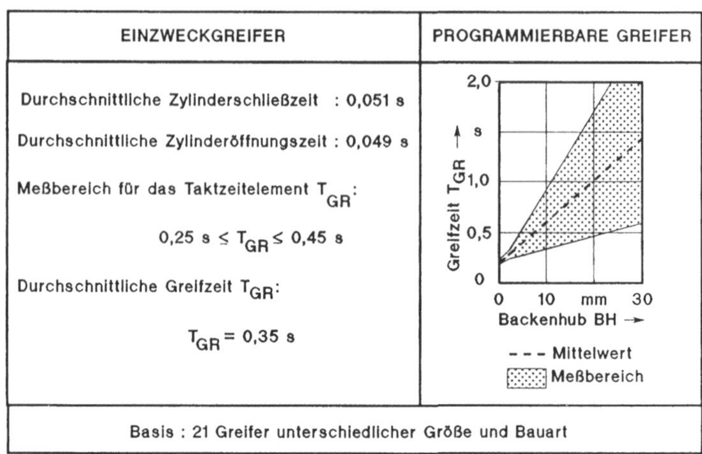

Meßbereich für das Taktzeitelement T_{GR}:

$$0,25 \text{ s} \leq T_{GR} \leq 0,45 \text{ s}$$

Durchschnittliche Greifzeit T_{GR}:

$$T_{GR} = 0,35 \text{ s}$$

Bild 23:   Ergebnisse der Messung der Greifzeiten verschiedener Greifertypen

5.1.4 Untersuchung von Greiferwechselzeiten

Zur Bestimmung der Greiferwechselzeiten wurden marktgängige Greiferwechselsysteme untersucht. Dabei wurde der Greiferwechselvorgang über die im Rahmen der vorliegenden Arbeit betrachteten Industrieroboter hinaus mit weiteren Industrierobotern untersucht mit dem Ziel, zumindest für die frühen Planungsphasen eine industrierobotertypunabhängige Berechnungsvorschrift zu erstellen. Die Meßergebnisse für die Zeiten der definierten Ablaufschritte des Greiferwechselvorgangs zeigt **Bild 24**. Aus dem untersuchten Spektrum von Greiferwechselvorgängen läßt sich eine durchschnittliche Zeit für das Taktzeitelement von 4,5 s ableiten. Die gemessenen Zeiten für die Ablaufschritte 1,3 und 5 sind abhängig vom eingesetzten Industrieroboter und von der Geometrie des Wechselsystems, d.h. von den Strecken, die der Industrieroboter für das Verfahren zurücklegen muß. Die Zeiten für die Ablaufschritte "Greifer ablegen" bzw. "Greifer auf-

nehmen" sind wechselsystemspezifisch und liegen im Mittel
bei 0,7 s.

ABLAUF-NR.	BESCHREIBUNG	MEßBEREICH T_{GWi} (s)
1	Startsignal aufnehmen, Einfahren in Greiferablageposition	$0,4 \leq T_{GW1} \leq 1,3$
2	Greifer ablegen	$0,5 \leq T_{GW2} \leq 0,7$
3	Verfahren zur Greiferaufnahme-position	$1,3 \leq T_{GW3} \leq 1,8$
4	Greifer aufnehmen	$0,6 \leq T_{GW4} \leq 1,0$
5	Ausfahren aus Greiferaufnahme-position, Folgevorgang ansteuern	$0,5 \leq T_{GW5} \leq 1,3$
Durchschnittliche Zeit für einen Greiferwechselvorgang:		$T_{GW} = 4,5$

Versuchsträger: Verschiedene Industrieroboter und marktgängige Greiferwechselsysteme
Randbedingungen: Ein-/Ausfahrstrecke bzw. Verfahrhub jeweils 100 mm, Wechselpositionen nebeneinander

Bild 24: Ergebnisse der Messung von Zeiten für die Ab-
schnitte des Greiferwechselvorgangs

5.1.5   Untersuchung von schraubprozeßbedingten Fügezeiten

Als Einflußfaktoren auf die Fügezeit beim Schrauben wurden
als Ergebnis der Delphi-Befragung hauptsächlich die Anzahl
Gewindegänge/Steigung bzw. der Einschraubweg sowie das An-
zugsverfahren erwartet. Der verwendete Schrauber wird dabei
als bekannt vorausgesetzt.

In Versuchen wurden mehrere Schrauben mit unterschiedlicher
Größe und Anzahl Gewindegänge mit verschiedenen Schraubern
verschraubt. Die Ergebnisse waren dabei bei allen Schraubern
analog zu den in Bild 25 exemplarisch für den Schraubertyp
EDR 3050 A13 M3C der Firma Deutsche Gardner Denver dar-

gestellten Ergebnisse. Mit der Zahl der Gewindegänge nimmt
die Schraubzeit linear zu, die Größe der Schraube hat keinen
direkten Einfuß auf die Schraubzeit, wenn man davon absieht,
daß dies ein Kriterium für die Wahl des Schraubers ist.
Der zeitliche Unterschied vom ein- zum zweistufigen Schraub-
fall beträgt im Mittel wie auch im dargestellten Beispiel
ca.2 s.

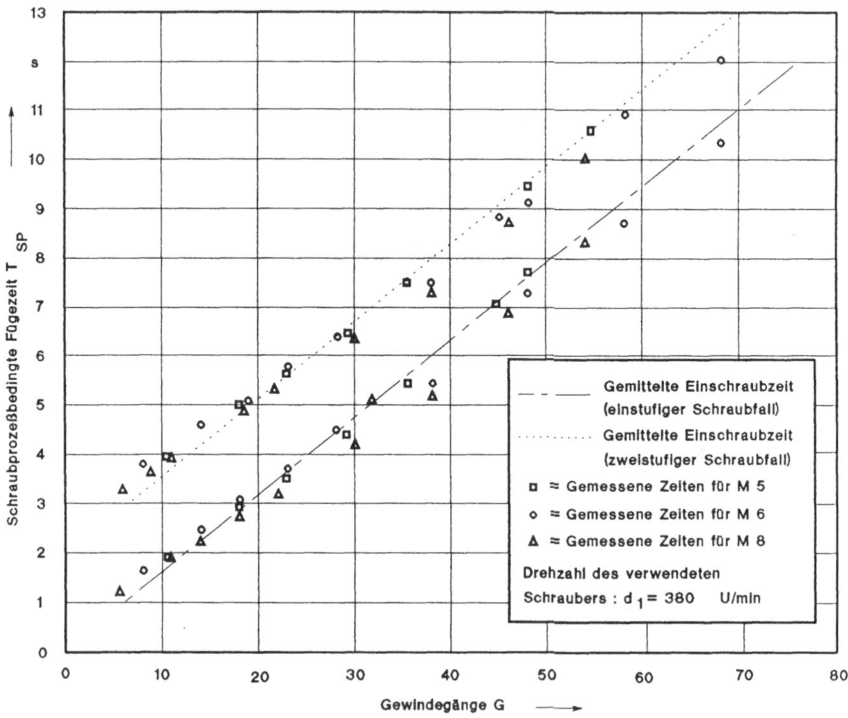

Bild 25: Beispielhafte Ergebnisse der Messung der Schraub-
zeiten für verschiedene Einschraublängen und
Schraubverfahren

5.2 Ableitung von Berechnungsvorschriften

5.2.1 Berechnung von handhabungsbedingten Zubringzeiten

Zur Berechnung der handhabungsbedingten Zubringzeiten wird
ein Verfahren entwickelt, welches auf der Ermittlung der
maximalen Verfahrzeiten der einzelnen Winkel- bzw. Wegab-
schnitte der IR-Achsen bei einem Bewegungsvorgang beruht
(Bild 26). Voraussetzung für die Anwendbarkeit des Verfahrens ist daher einerseits die Kenntnis der geometrischen
Anordnung der Systemelemente in der Montagestation, andererseits die Kenntnis des stationsinternen Montageablaufes.
Diese Informationen liegen in der Planungsphase 3 "Entwicklung Stationskonzepte" und in der Planungsphase 4 "Ausarbeitung Stationsentwurf" vor. In den Planungsphasen 1 und
2 ist dieses Berechnungsverfahren daher nicht anwendbar.
Hier müssen spezielle Methoden zur Prognose der handhabungsbedingten Zubringzeiten entwickelt werden.

Je nach Kinematiktyp der eingesetzten IR sind unterschiedliche Vorschriften zur Geometrieberechnung anzuwenden. Nach
Umrechnung von kartesischen Koordinaten in Roboterkoordinaten ist mit den entsprechenden dynamischen Kennwerten der
Industrieroboter die Grundzeit für einen Verfahrvorgang berechenbar. Das darauf aufbauende Berechnungsverfahren wird
mit Korrekturfaktoren versehen, die sich gemäß den Unter-
suchungsergebnissen aus Abklingzeiten K_A, steuerungsbeding-
ten Wartezeitanteilen K_S und einem Anteil $K_{\ddot{U}}$, der die prozentuale Zeitersparnis beim Überschleifen berücksichtigt,
zusammensetzen. Damit können die Verfahrzeiten beliebiger
Industrierobotertypen bestimmt werden. Die entsprechenden
Korrekturfaktoren sind empirisch zu bestimmen. Die in-
dustrierobotertypabhängigen Einflußfaktoren auf die handhabungsbedingte Zubringzeit wie Antriebsprinzip, dynamische
Geräteparameter und der kinematische Aufbau, sind implizit
bei Anwendung des Simulationsverfahrens berücksichtigt.

BERECHNUNG VON HANDHABUNGSBEDINGTEN ZUBRINGZEITEN T_{HZ}

Formel:

$$T_{HZ} = \sum_{j=1}^{m} \left[\left(\max \sum_{i=1}^{n} (T_{\triangle s_{ij}}; T_{\triangle u_{ij}}) + K_A + K_S \right) \cdot (1 - K_0) \right]$$

Bewegungsart	beschleunigte und gleichförmige Bewegung	beschleunigte Bewegung
Drehbewegung	Kriterium: $\dot{u} > \dfrac{\dot{u}^2}{\ddot{u}}$ $T_{\triangle u} = \dfrac{u}{\dot{u}} + \dfrac{\dot{u}}{\ddot{u}}$	Kriterium: $\dot{u} \leq \dfrac{\dot{u}^2}{\ddot{u}}$ $T_{\triangle u} = \sqrt{\dfrac{4u}{\ddot{u}}}$
Linearbewegung	Kriterium: $\dot{s} > \dfrac{\dot{s}^2}{\ddot{s}}$ $T_{\triangle s} = \dfrac{s}{\dot{s}} + \dfrac{\dot{s}}{\ddot{s}}$	Kriterium: $\dot{s} \leq \dfrac{\dot{s}^2}{\ddot{s}}$ $T_{\triangle s} = \sqrt{\dfrac{4s}{\ddot{s}}}$

Beispiele

Faktor	Bosch SR 800	Manutec R3	Dea Pragma A3000
K_A	0.100 s	0.100 s	0.100 s
K_S	0,052 s	0,017 s	0,041 s
K_0	0,27	0,24	0,22

u = Winkel $\dot{u}$ = Winkelgeschwindigkeit $\ddot{u}$ = Winkelbeschleunigung

s = Weg $\dot{s}$ = Lineargeschwindigkeit $\ddot{s}$ = Linearbeschleunigung

$T_{\triangle u}$ = Zeit zum Verfahren eines Winkels $T_{\triangle s}$ = Zeit zum Verfahren einer Strecke

K_0 = Überschleiffaktor (ohne Überschleifen setze K_0 = 0)

K_A = Abklingfaktor K_S = steuerungsbed. Wartezeitfaktor

<u>Bild 26:</u> Simulationsmodell zur Berechnung von handhabungs-
bedingten Zubringzeiten

Nach Durchführung von Kontrollversuchen zum Test des Re-
chenmodells ergibt sich für die als Versuchsträger dienenden
Industrieroboter ein relativer Berechnungsfehler von ± 5 %
in der Projektierungsphase 4. In dieser Projektierungsphase
kann der Planer den diskreten Arbeitsablauf festlegen und

somit entscheiden, ob und wann ein Punkt überschliffen werden kann. Die Nichtberücksichtigung der Überschleifmöglich-
keit und die noch ungenaue Kenntnis der geometrischen
Verhältnisse in der Montagestation führen bei Anwendung des
Verfahrens in der Planungsphase 3 zu einem relativen Berechnungsfehler von ± 8,5 %.

5.2.2   Berechnung von handhabungsbedingten Fügezeiten

Die Vorgehensweise zur Berechnung von handhabungsbedingten
Fügezeiten zeigt Bild 27. Ausgehend vom Fügeweg und der Toleranz der Fügeteile wird zunächst die theoretisch zu erwartende Fügezeit ermittelt. Laut experimenteller Untersuchung ist bei den Industrierobotern Bosch SR 800 und
Manutec R3 die Fügezeit zudem abhängig vom Fügeort.
Daher muß für diese Industrieroboter die Fügezeit nochmals
korrigiert werden. Der vorgestellte Ablauf zur Fügezeiter-
mittlung ist auf andere IR-Typen übertragbar, die entsprechenden Fügezeitkurven sind im Versuch zu ermitteln. Bei
kartesischen Geräten ist der Einfluß des Fügeortes unerheb-
lich. Nach Durchführung von Kontrollversuchen ergibt die
Anwendung des Rechenverfahrens Ergebnisse für Fügezeiten mit
einem Fehler von ca. ± 9 %. Das Verfahren ist bereits in der
Planungsphase 1, der Teilverrichtungsanalyse, anwendbar. Die
Anforderung an die Berechnungsgenauigkeit ist erfüllt.

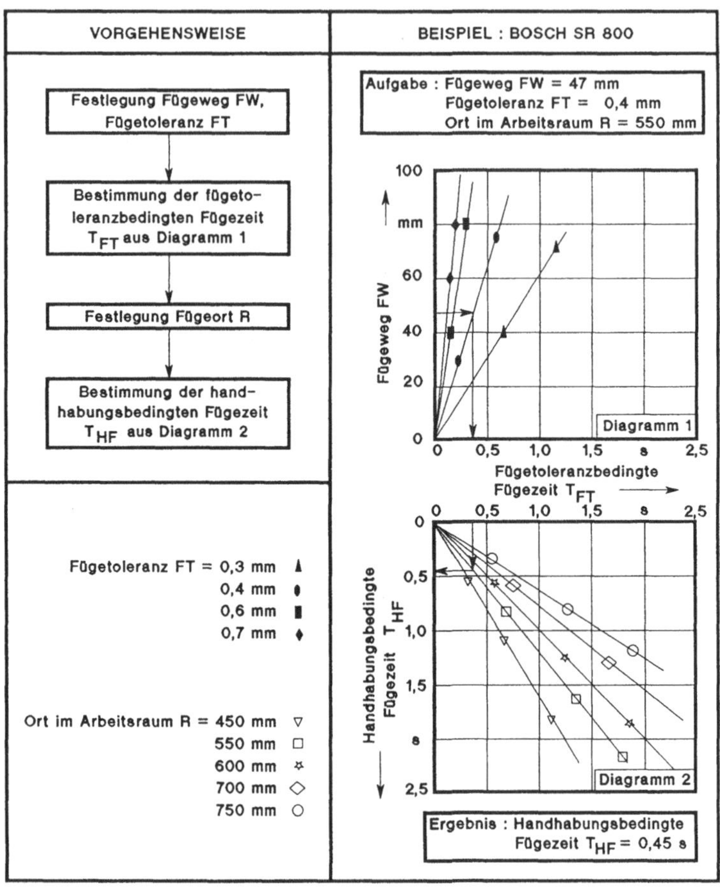

Bild 27: Vorgehensweise zur Bestimmung der handhabungsbedingten Fügezeiten

5.2.3 Berechnung von Greifzeiten

Die Untersuchung der verschiedenen Greifer führt zur Festlegung unterschiedlicher Berechnungsvorschriften für Greifzeiten je nach Planungsphase (Bild 28).

EINSATZBEREICH BEI DER TAKTZEITERMITTLUNG	GREIFSYSTEM	
	Einzweckgreifer	Programmierbarer Greifer
Phase 3 "Entwicklung Stations- konzepte"	T_{GR} = 0,35s F_R = $\pm$ 20%	T_{GR} = a · BH + 0,18s a = 0,04 (s/mm) F_R = $\pm$ 25%
Phase 4 "Ausarbeitung Stations- entwurf"	Auswahl diskreter Greifer aus Datenbank F_R = $\pm$ 5%	Auswahl diskreter Greifer aus Datenbank F_R = $\pm$ 5%
T_{GR} = Greifzeit (s)	BH = Backenhub (mm)	F_R = relativer Berechnungsfehler

Bild 28: Berechnung von Greifzeiten unterschiedlicher Greif-
systeme

In der Planungsphase 3 "Entwicklung Stationskonzepte" werden für Einzweckgreifer ein fixer Zeitbaustein bzw. für
programmierbare Greifer eine Berechnungsvorschrift, in die
als wesentliche Einflußgröße der Greifweg eingeht, festgelegt. Die Berechnungsgenauigkeit liegt damit im Mittel bei
$\pm$ 20 % für Einzweckgreifer bzw. bei $\pm$ 25 % für programmierbare Greifer. In Anbetracht des geringen Taktzeitanteils an
der Gesamttaktzeit ist diese Genauigkeit für die Planungsphase 3 ausreichend, da die laut Anforderungskatalog geforderten Berechnungsgenauigkeiten erfüllt sind. Zur Erfüllung
der Anforderungen an die Berechnungsgenauigkeit in der Planungsphase 4 "Ausarbeitung Stationsentwurf" wird eine Datenbank erstellt, in der diskrete Greifer mit den entsprechenden Zeitbausteinen für den Greifprozeß abgelegt sind. Die
greifertypspezifischen Einflußfaktoren Antriebsprinzip und
Kraftübertragungsprinzip sind damit implizit berücksichtigt. Der Planer wählt einen dieser Greifer aus und erhält
damit die entsprechende Greifzeit. Die Berechnungsgenauigkeit liegt dann bei $\pm$ 5 %.

5.2.4   Berechnung von Greiferwechselzeiten

Zur Bestimmung der Greiferwechselzeit in der Planungsphase 3
"Entwicklung Stationskonzepte" wird ein fixer Zeitbaustein
von 4,5 s festgelegt (Bild 29).

EINSATZBEREICHE BEI DER TAKTZEITERMITTLUNG	GREIFERWECHSELZEITEN
Phase 3 "Entwicklung Stationskonzepte"	$T_{GW} = 4,5s$ $F_R = \pm 30\%$
Phase 4 "Ausarbeitung Stationsentwurf"	$T_{GW} = \sum_{i=1}^{N} \max (T_{XI} , T_{YI} , T_{ZI}) + 2 \cdot 0,7s$ $F_R = \pm 15\%$
T_{GW} = Greiferwechselzeit (s) F_R = relativer Berechnungsfehler (%) T_X , T_y , T_z = Verfahrzeit in x,y,z – Richtung (s)	

Bild 29:   Berechnung von Greiferwechselzeiten

Für die Phase 4 "Ausarbeitung Stationsentwurf" wird als Berechnungsmethode ein Simulationsmodell verwendet, mit dem
analog zu der handhabungsbedingten Zubringzeitberechnung
des IR die Bewegungszeiten ermittelt werden. Damit ist die
Einflußgröße Greiferwechselsystemgeometrie berücksichtigt.
Dieses Simulationsmodell wird mit Zuschlagsfaktoren für das
Spannen bzw. Entspannen des Greifers versehen. Laut Unter-
suchungsergebnis liegen hierfür die Zeiten im Schnitt bei
0,7 s.

Die Berechnungsfehler liegen dabei in der Planungsphase 3
bei ± 30 % sowie in der Planungsphase 4 bei ± 15 %. Die Anforderungen an die Berechnungsgenauigkeit des Taktzeitelements sind damit erfüllt.

5.2.5 Berechnung von schraubprozeßbedingten Fügezeiten

Die Auswertung der Versuchsergebnisse führt zu der in <u>Bild 30</u>
dargestellten Vorgehensweise zur Berechnung von schraubprozeßbedingten Fügezeiten bei der Planung. Die Vorgehensweise ist ein einfaches Rechenmodell, die Kontrollversuche

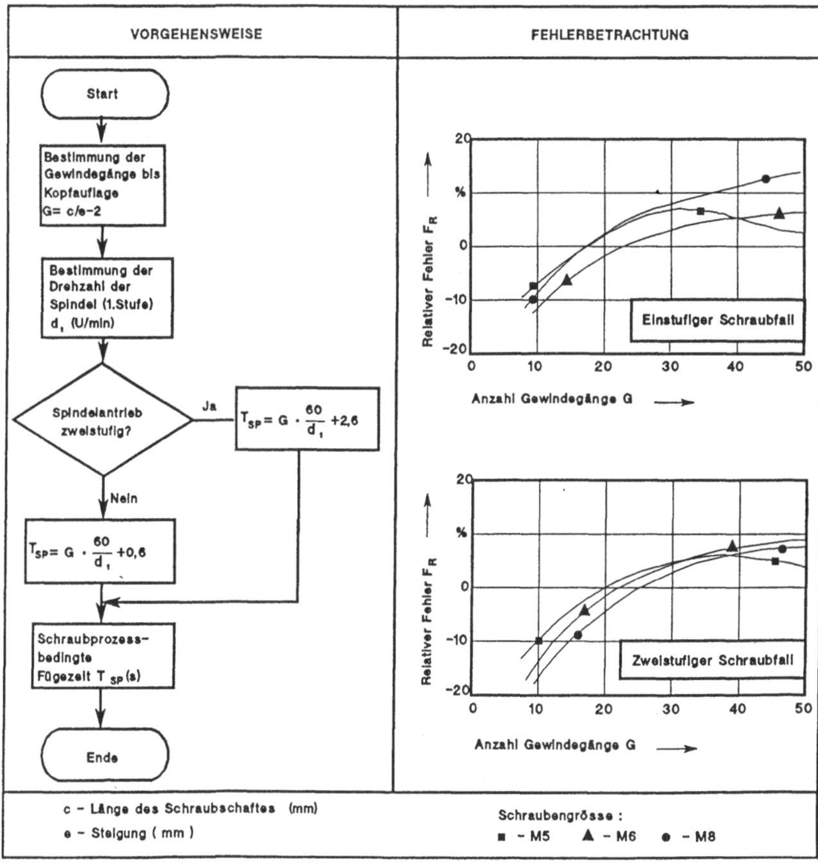

$$T_{SP} = G \cdot \frac{60}{d_1} + 2,6$$

$$T_{SP} = G \cdot \frac{60}{d_1} + 0,6$$

<u>Bild 30:</u> Vorgehensweise zur Berechnung von schraubprozeß-
bedingten Fügezeiten

mit diversen Schraubern ergeben bei unterschiedlichen
Schraubfällen zufriedenstellende Ergebnisse. Das reale An-
laufverhalten des Schraubers wird in der Berechnungsvorschrift nicht berücksichtigt und als linear angenommen.
Durch die Wahl der entsprechenden Zuschlagsfaktoren wird der
dabei auftretende Berechnungsfehler minimiert. Dies führt zu
Berechnungsfehlern, die bei einer kleinen Anzahl Gewindegänge negativ sind und die mit steigender Anzahl Gewindegänge positiv werden. Die Drehzahl des verwendeten Schraubers muß bekannt sein. Die Fügezeit beim Schrauben kann bereits in der Analysephase ermittelt werden, der Zeitwert
wird in den weiteren Planungsphasen übernommen. Die durch-
schnittlich auftretenden relativen Berechnungsfehler liegen
dabei bei ± 10 %.

5.3 Bewertung der Ergebnisse

Eine Beurteilung der Anwendbarkeit vorgestellter Berechnungsmethoden zur Bestimmung von Taktzeitelementen ist nur bei
Betrachtung der Gesamtaufgabe bzw. Berechnung der Montagestationstaktzeit sinnvoll. Gemäß der unterschiedlichen Vorkommenshäufigkeit und des Zeitanteils der Taktzeitelemente
an der Stationstaktzeit führt die Anwendung der Berechnungsmethoden bei der Bestimmung der Einzeltaktzeiten zu
theoretischen Berechnungsgenauigkeiten der Stationstaktzeit
von ca. ± 12 % bzw. ± 7 % je nach Planungsphase (Bild 31).
Dabei wird bei Berechnung von verkettungsbedingten Zubringzeiten auf bekannte Methoden zurückgegriffen, die unterschiedlichen Berechnungsgenauigkeiten ergeben sich durch die
Möglichkeit der exakten Vorgabe der Einlauflänge in der
Planungsphase 4. Die theoretischen Berechnungsgenauigkeiten
liegen im Rahmen der gestellten Anforderungen.

TAKTZEITELEMENT	Anteil an der Stationstakt-zeit (%)	THEORETISCHE BERECHNUNGSGENAUIGKEIT (%)	
		Phase 3 "Entwicklung Stationskonzepte"	Phase 4 "Ausarbeitung Stationsentwurf"
Handhabungsbedingte Zubringzeit T_{HZ}	64	± 8,5	± 5,0
Handhabungsbedingte Fügezeit T_{HF}	11	± 9,0	± 9,0
Greifzeit T_{GR}	6	± 25,0	± 5,0
Greiferwechselzeit T_{GW}	9	± 30,0	± 15,0
Verkettungsbedingte Zubringzeit T_{VZ}	5	± 15,0	± 10,0
Schraubprozeßbedingte Fügezeit T_{SP}	5	± 10,0	± 10,0
Theoretische Berechnungsgenauigkeit der Stationstaktzeit (%)		± 11,88	± 6,84

Bild 31: Theoretische Berechnungsgenauigkeit der Taktzeit einer flexiblen Montagestation

6 Methoden zur Lösung der phasenspezifischen Planungsaufgaben

6.1 Methode zur Teilverrichtungsanalyse

Als Ausgangssituation für die Erstellung taktzeitoptimierter
Montagestationen liegen die zur Montage eines oder mehrerer
Produkte notwendigen Teilverrichtungen vor. Die Stückzahl-
anforderungen an die zu montierenden Produkte können unterschiedlich sein. Die Teilverrichtungen sind entweder direkt
einem Produkt oder mehreren Produkten zugeordnet. Damit kann
jeder Teilverrichtung eine spezifische Stückzahl zugeordnet
werden, die notwendig ist, um den gesamten Montageumfang
abzudecken.

Zur Bestimmung der Vorgabezeit einer von einem Industrieroboter ausgeführten Teilverrichtung wird diese, wie bei der
Definition der Taktzeitelemente festgelegt, in einen Fügezeitanteil, der sich in einen handhabungsbedingten Fügezeitanteil oder in einen schraubprozeßbedingten Fügezeitanteil
unterscheiden kann, in einen Zeitanteil zum Greifen bzw.
Loslassen eines Teils sowie in Zeitanteile zum Zubringen
des Fügeteils zum Basisteil untergliedert. Die Berechnungsverfahren zur Bestimmung der Fügezeitanteile und der Zeitanteile zum Greifen bzw. Loslassen des Fügeteils liegen
vor. Zur Bestimmung der handhabungsbedingten Zubringzeitan-
teile bei Durchführung der Hubbewegungen kann das entwickelte Simulationsmodell herangezogen werden, die Länge
der Hubbewegung wird mit 100 mm vorgegeben. Die Montageposition wird auf der Mittelsenkrechten zum Aufstellungsort
mit einem Abstand zur äußersten Arbeitsraumbegrenzung, der
der halben Bandbreite des geplanten Verkettungssystems entspricht, festgelegt. Diese Annahme gilt auch für die folgenden Planungsphasen.

Zur Bestimmung von handhabungsbedingten Zubringzeiten in der
XY-Ebene wird das Teilebereitstellungssystem, mit dem das

Fügeteil bereitgestellt wird, an dem unter Zubringzeitge-
sichtspunkten optimalen Ort im Arbeitsraum des Industrieroboters plaziert. Mögliche Teilebereitstellungssysteme sind
Flachmagazine, Schachtmagazine und Vibrationswendelförderer.
Dabei werden Flachmagazine durch Flächenelemente, die den
Magazinabmessungen entsprechen, Schachtmagazine durch quadratische Flächenelemente mit Kantenlänge gleich dem Schacht-
durchmesser und Vibrationswendelförderer durch ein quadratisches
Flächenelement mit 100 mm Kantenlänge, was dem Freiraum zur Aufnahme des Fügeteils entspricht, repräsentiert. Als weitere
Variationsparameter für die Zubringzeit kommt die Bandbreite
für den Transport des Basisteils hinzu, da dadurch die zur
Verfügung stehende Aufstellungsfläche im Arbeitsraum des IR
eingeschränkt wird. In Abhängigkeit der Teilebereitstel-
lungsgröße sowie der Bandbreite werden optimale Zubringzeiten für den Zubringvorgang in der XY-Ebene definiert (Bild 32).

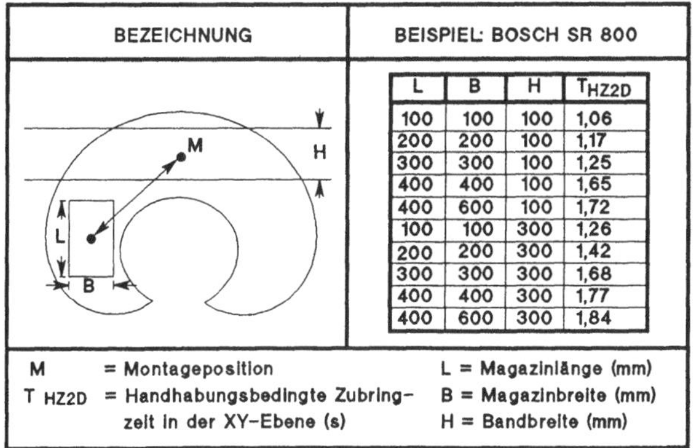

L	B	H	T_{HZ2D}
100	100	100	1,06
200	200	100	1,17
300	300	100	1,25
400	400	100	1,65
400	600	100	1,72
100	100	300	1,26
200	200	300	1,42
300	300	300	1,68
400	400	300	1,77
400	600	300	1,84

M = Montageposition   L = Magazinlänge (mm)
T_{HZ2D} = Handhabungsbedingte Zubring-   B = Magazinbreite (mm)
zeit in der XY-Ebene (s)   H = Bandbreite (mm)

Bild 32: Ergebnis der Berechnung der Vorgabezeiten für
handhabungsbedingte Zubringzeiten in der XY-Ebene

Diese Daten können durch Simulationsverfahren rechnerge-
stützt ermittelt werden. Dabei wird ein vorgegebenes Flächenelement bei einer vorgegebenen Bandbreite an verschiedenen möglichen Positionen im Arbeitsraum positioniert und

jeweils die Zubringzeit durch Simulation errechnet. Die
optimale Zubringzeit wird diesen Wertepaaren zugeordnet.
Dieser Vorgang wird bei weiteren Wertepaarkombinationen wie-
derholt. Der Arbeitsraum des Industrieroboters liegt hierzu
digitalisiert vor. Damit liegen Methoden/Daten zur Bestimmung der einzelnen Taktzeitelemente einer Teilverrichtung
und damit zur Bestimmung der Vorgabezeit einer Teilverrichtung fest.

6.2 Methode zur Stationstaktzeitprognose im Black-Box-Modell

6.2.1 Randbedingungen für die Taktzeitberechnung

Zur Verteilung von Teilverrichtungen auf Montagestationen
wird zunächst die Zieltaktzeit T_{Ziel} des Montagesystems
festgelegt. Die Zieltaktzeit errechnet sich aus der zur
Verfügung stehenden Jahresproduktionskapazität des Montagesystems, d.h. dem Produkt aus Arbeitstagen pro Jahr, dem
Schichtbetrieb, der Anzahl Stunden pro Schicht, der er-
warteten Anlagenverfügbarkeit sowie der geforderten Stückzahl pro Jahr, die mit dem Montagesystem montiert werden
soll. Dabei können sich für verschiedene Produktvarianten
unterschiedliche Zieltaktzeiten ergeben, wenn die Zeiträume
zur Montage der Produktvarianten fest vorgegeben werden.

Bei der Verteilung von Teilverrichtungen auf Montagestationen können lediglich Zeiten berücksichtigt werden, die direkt mit der Ausführung der Teilverrichtung und damit der
Montage der Produkte zusammenhängen. In der Realität sind
jedoch Zeiten, die durch die Verkettung der Montagestationen, d.h. dem Einlauf des Basisteils in die Montagestation,
der Ausführung von Programmanweisungen bei einem Montagezyklus und für Greiferwechselvorgänge, die sich je nach Zu-
sammensetzung des Montageumfangs in einer Montagestation
ergeben, zu berücksichtigen. Daher wird der zur Verfügung
stehende Taktzeitrahmen um einen Faktor von 17,5 % reduziert

(<u>Bild 33</u>). Dieser Faktor ergibt sich aus der Summe der in
der Analyse ermittelten durchschnittlichen Zeitanteile für
die beschriebenen Vorgänge.

URSACHE	$\varnothing$ TAKTZEITANTEIL	TENDENZ BEI STEIGENDER TAKTZEIT
Zeiten für Verkettungsvorgänge	5%	abnehmend
Zeiten für Greiferwechselvorgänge	9%	steigend
Laufzeiten für Programmanweisungen	3,5%	gleichbleibend
Summe	17,5%	gleichbleibend

Praktisch verfügbare Zieltaktzeit $\overline{T}_{Ziel} = T_{Ziel} \cdot 0{,}825$ s

T_{Ziel} = theoretisch verfügbare Zieltaktzeit (s)

<u>Bild 33:</u> Bestimmung der praktisch verfügbaren Zieltaktzeit
für die Verteilung von Montageaufgaben auf Montagestationen

Bereits bei der Verteilung der Montageaufgaben auf Montagestationen in dieser frühen Planungsphase können erste
Maßnahmen zur Optimierung der Jahresausbringung bzw. zur
Minimierung der Montagestationen des Montagesystems durchgeführt werden. Jede Teilverrichtung wird produktvarianten-
übergreifend mit einem festgelegten Stückzahlfaktor durchgeführt, der direkt dem der Teilverrichtung zugehörigen Teilebereitstellungssystem zugeordnet werden kann. Bei Verwendung
von identischen Teilebereitstellungssystemen für mehrere
Teilverrichtungen erhöht sich der Stückzahlfaktor des Teilebereitstellungssystems entsprechend. Beim Verteilen der
Montageaufgaben sind die Teilverrichtungen bzw. der Teilverrichtung zugehörigen Teilebereitstellungssysteme/Flächen-
elemente zuerst zu setzen, die den höchsten Stückzahlfaktor

einnehmen. Diesen Flächenelementen können somit die taktzeitoptimalsten Positionen im Arbeitsraum zugewiesen werden,
wodurch die Ausbringung der Montagestation insgesamt maxi-
miert wird. Die Behandlung der Teilebereitstellungssysteme
als Flächenelemente erfolgt dabei analog zur Planungsphase 1,
der Teilverrichtungsanalyse. Die Methode zur Prognose der
Taktzeit der als Black-Box-Modell vorliegenden Montagestation wird im folgenden Kapitel erläutert.

6.2.2   Prognose der Stationstaktzeit

Die Festlegung des Arbeitsinhaltes in der Montagestation
erfolgt durch Zuweisung der Teilverrichtungen. Die einzelnen
Taktzeitanteile der Teilverrichtungen werden bis auf die
handhabungsbedingten Zubringzeiten in der XY-Ebene addiert.
Bei der Bestimmung der handhabungsbedingten Zubringzeiten in
der XY-Ebene muß beachtet werden, daß bei Zuweisung mehrerer
Flächenelemente zu einer Montagestation nicht mehr für alle
Flächenelemente die taktzeitoptimale Aufstellungsposition
gewählt werden kann. Mit den in Bild 34 beispielhaft dargestellten Regressionskurven wird dieser Effekt berücksichtigt. Die Kurven werden durch Positionieren mehrerer Flächenelemente auf den taktzeitoptimalsten Positionen im entsprechenden IR-Arbeitsraum, der zudem noch durch die Breite
des zum Basisteiltransport notwendigen Förderbandes begrenzt
ist, bei gleichzeitiger Berechnung/Messung der Zubringzeiten
erstellt und liegen damit als Planungshilfsmittel vor. Damit
können die resultierenden handhabungsbedingten Zubringzeiten
in der XY-Ebene bestimmt werden. Diese Werte werden zu den
übrigen Taktzeitelementen addiert.

In der Regel sind die in einer Montagestation vorkommenden
Flächenelemente nicht alle gleich groß. Da der Aufwand zur
Erstellung der Regressionskurven für alle möglichen Kombi-
nationen von Flächenelementen in einer Montagestation zu
hoch wäre, wird ein Rechenmodell zur Berechnung der handhabungsbedingten Zubringzeiten in der XY-Ebene basierend auf

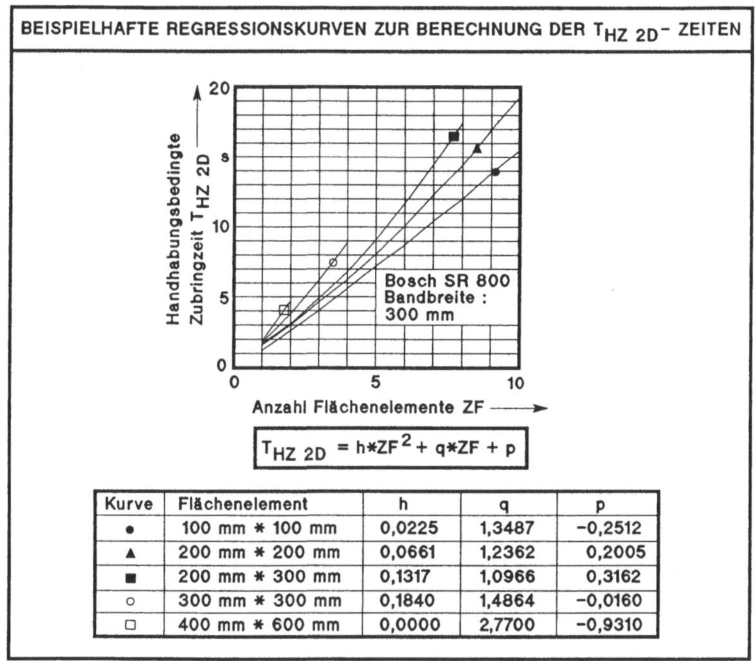

$$T_{HZ\ 2D} = h*ZF^2 + q*ZF + p$$

Kurve	Flächenelement	h	q	p
●	100 mm * 100 mm	0,0225	1,3487	−0,2512
▲	200 mm * 200 mm	0,0661	1,2362	0,2005
■	200 mm * 300 mm	0,1317	1,0966	0,3162
○	300 mm * 300 mm	0,1840	1,4864	−0,0160
□	400 mm * 600 mm	0,0000	2,7700	−0,9310

Bild 34: Beispielhafte Darstellung von Regressionskurven als Grundlage zur Bestimmung von handhabungs-bedingten Zubringzeiten in der XY-Ebene.

den vorliegenden Regressionskurven bei flächengleichen Elementen entwickelt.

Die Zubringzeiten in der XY-Ebene werden mit folgender Rechenvorschrift bestimmt:

$$T(n) = (h_n X^2_n + q_n X_n + p_n) - (h_n V^2_n + q_n V_n + p_n)$$

$$\text{für } V_n \geq 1$$

$$T(n) = (h_n X^2_n + q_n X_n + p_n)$$

$$\text{für } V_n < 1$$

$$X_n \; = \; : \; W_n/F_n + A_n$$

$$V_n \; = \; : \; W_n/F_n$$

W_n : Flächensumme der Elemente, die bereits im Arbeitsraum plaziert sind

F_n : Flächensumme der Elemente, die aktuell zu
setzen sind

A_n : Summe der Elemente, die aktuell zu setzten sind

h_n, q_n, p_n : Parameter der Regressionskurve der
Elementgröße n

Beim Setzen der einzelnen Flächenelemente wird mit der Bildung
der bereits vorliegenden Flächenelementsumme und der Division
durch die Größe des aktuell zu setzenden Flächenelementes
eine bereits vorliegende Arbeitsbelegung mit dem aktuell zu
setzenden Flächenelement simuliert. Mit diesem Wert, dem die
aktuell zu setzende Flächenelementzahl hinzuaddiert wird,
erhält man aus der entsprechenden Regressionskurve einen
Zubringzeitwert in der XY-Ebene. Von diesem Wert muß gemäß
der Definition der Regressionskurve noch der Wert, der sich
für die bereits vorliegende simulierte Arbeitsraumbelegung
ergibt, abgezogen werden.

6.2.3   Ergebnisse und Bewertung

Als Ergebnis dieser Planungsphase liegen die durch den zugewiesenen Arbeitsinhalt definierten Montagestationen mit
den entsprechenden Taktzeiten vor. Die Taktzeitergebnisse
sind dabei realisierbare Werte, können jedoch durch weitere
Optimierungsmaßnahmen in den folgenden Planungsphasen noch
verbessert werden.

Ein wesentlicher Vorteil bei der Anwendung der entwickelten

Methoden ist die erhebliche zeitliche Reduzierung bei der
Aufgabenverteilung auf Montagestationen, da während des
Verteilprozesses aktuell zu erwartende Taktzeiten in den
entsprechenden Montagestationen berechnet werden. Darüber
hinaus wird in dieser frühen Planungsphase die Anzahl der
notwendigen Montagestationen bei Verwendung alternativer
Industrieroboter ermittelt.

6.3 Methode zur Erstellung alternativer Stationskonzepte

6.3.1 Randbedingungen für die Taktzeitberechnung

Bei dem konzeptionellen Entwurf der durch Zuweisung des
Arbeitsinhaltes bzw. der Teilverrichtungen einer Montageaufgabe beschriebenen Montagestationen sind weitere Maßnahmen zur Optimierung der Stationstaktzeit möglich. Der stationsinterne Montageablauf kann durch Zusammenfassung einzelner Teilverrichtungen zu einem Vorgang taktzeitoptimiert
werden, die den einzelnen Teilverrichtungen zugeordneten
Teilebereitstellungs-/Systemkomponenten und deren Alternativen können an optimale Zugriffspositionen im Arbeitsraum
des verwendeten Industrieroboters plaziert werden. Dabei
ergeben sich bei der Verwendung verschiedener Industrieroboter unterschiedliche Montagekonzepte.

Zur geometrischen Beschreibung werden folgende Bedingungen
definiert. Die Behandlung der Teilebereitstellungssysteme
als Flächenelemente erfolgt analog zur Planungsphase 1
bzw. 2. Der Arbeitsraum des Industrieroboters wird in quadratische Flächenelemente mit je 100 mm Kantenlänge einge-
teilt, die Layoutbegrenzung wird durch Flächenelemente dargestellt, die mindestens zu 75 % innerhalb des nutzbaren Arbeitsraumes liegen. Bei Vertikalknickarmgeräten (kugelför-
miger Arbeitsraum) wird die Raumbegrenzung gewählt, die sich
bei einer Höhe von 100 mm gegenüber der maximalen Flächenbelegung ergibt.

Zur Beschreibung der stationsinternen Montageabläufe werden
Anfahrpositionen im Arbeitsraum definiert, die den Auf-
stellungspositionen der den Teilverrichtungen zugeordneten
Teilebereitstellungselemente entsprechen (Bild 35). Mit der
Festlegung der Verfahrvorschrift zwischen den einzelnen Anfahrpositionen bei der Durchführung der Zubringaufgaben für
die Montage sowie den bereits zugeordneten Stückzahlfaktoren
werden Verfahrhäufigkeiten zwischen den einzelnen Anfahrpositionen ermittelt. Die Paare von Anfahrpositionen mit
der höchsten Verfahrhäufigkeit bieten die größte Aus-
bringungserhöhung bei der Optimierung der Zubringzeiten. Die
ermittelten Verfahrhäufigkeiten sind daher Steuerungspara-
meter für den Optimierungsprozeß.

Zur Berechnung der Ausführungszeit der einzelnen Teilverrichtungen und damit der Taktzeit der Montagestation werden
die bereits den Teilverrichtungen zugewiesenen Zeitanteile
für Fügen, Greifen/Loslassen, Verfahren in Z-Richtung zum
Aufnehmen von Fügeteilen addiert. Die Bestimmung der Zubringzeiten in der XY-Ebene erfolgt mit Hilfe des entwickelten Simulationsmodells, der Überschleiffaktor $K_{\ddot{U}}$ wird
in dieser Planungsphase gleich 0 gesetzt. Die kartesischen
Koordinaten der Anfahrpositionen der Flächenelemente im Lay-
out sind durch die Digitalisierung des jeweiligen Roboter-
arbeitsraums bekannt. Berücksichtigt werden in dieser Planungsphase explizit die Greiferwechselzeiten und verkettungsbedingte Zubringzeiten. Greiferwechselvorgänge werden
analog als Teilverrichtungen mit einem zugehörigen Flächenelement, das der Greiferwechselsystemgröße entspricht und
einer zugeordneten Anfahrhäufigkeitsbeziehung behandelt.
Verkettungsbedingte Zubringzeiten sind mit der Vorgabe einer
Einlaufstrecke in die Station berechenbar.

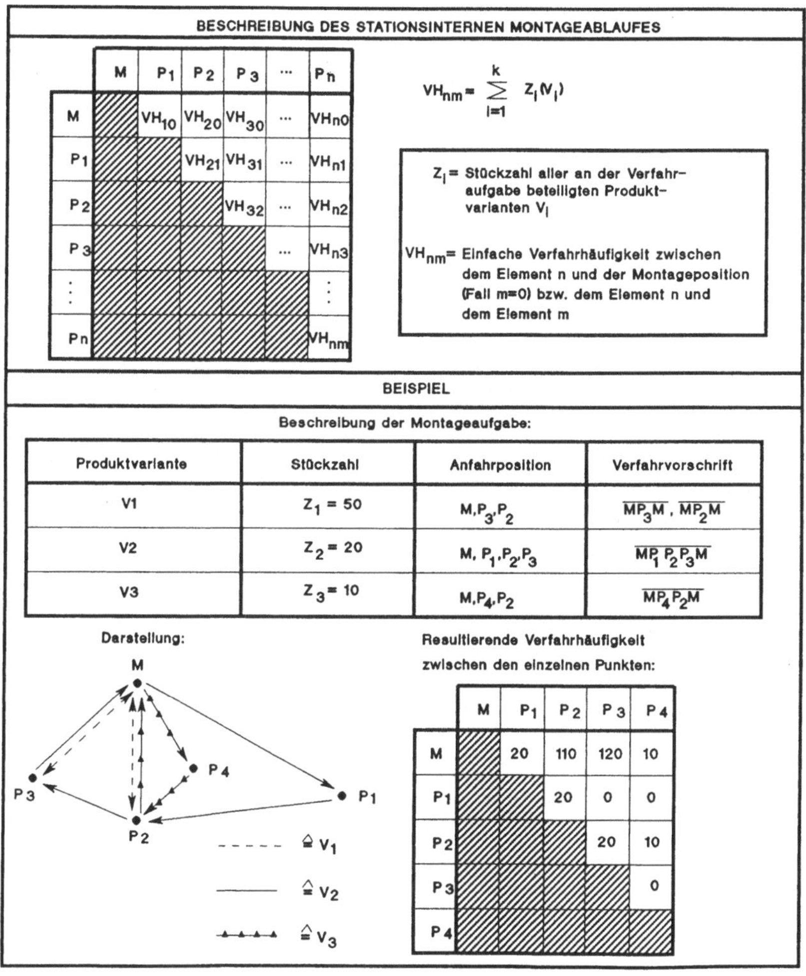

Bild 35: Festlegung von Steuerungsparametern für den
Optimierungsprozeß

6.3.2   Auswahl des Optimierungsverfahrens

Zur Auswahl der geeigneten Optimierungsstrategie werden
Verfahren für allgemeine nichtlineare Systeme auf die Er-

füllung verschiedener Kriterien hin untersucht (Bild 36).
Die Zufallsstrategie wird dabei in der Untersuchung nicht
berücksichtigt, da das Mußkriterium hinreichende Genauigkeit
nicht erfüllt ist. Das Ergebnis zeigt, daß eine der klas-
sischen Strategien für sich alleine nicht ideal für vorliegende Problemstellung anwendbar ist. Als Optimierungsmethode

Verfahren	Beurteilungskriterien									Summe GFxEF	Kommentar
	A	B	C	D	E	F	G	H	I		
Äquidistante Rasterstrategie	2	1	4	3	3	4	3	3	3	61	lange Rechenzeiten
Gauß–Seidel–Strategie	2	2	4	0	1	3	3	1	2	42	gegenseitige Parameterbeeinflussung bei unstetigen Funktionen
Evolutionsstrategie	3	2	3	3	3	0	2	3	3	55	komplexe Programmierung
Gradientenstrategie	3	2	1	1	2	2	2	1	2	36	problematisch bei unstetigen Funktionen und sich gegenseitig beeinflussenden Parametern
Rotierende Koordinatenstrategie	3	2	3	2	2	1	2	1	2	43	komplexe Programmierung
Heuristische Verfahren	1	4	4	4	4	1	3	1	3	61	ungenau

Erfüllungsgrad EF

Beurteilungskriterien	GF
A: Hinreichende Genauigkeit	2
B: kurze Rechenzeiten	2
C: von analytischen Ableitungen freie Extremwertbestimmung	3
D: Anwendbarkeit für unstetige Funktionen	2
E: Anwendbarkeit bei Restriktionen bzw. Nebenbedingungen	3
F: Einfache Programmierung	1
G: geringer Speicherplatzbedarf	3
H: Anwendbarkeit bei sich gegenseitig beeinflussenden Parametern	3
I: Tauglichkeit für multimodale Funktionen	2

Einteilung des Erfüllungsgrades EF

0 = nicht erfüllt
1 = kaum erfüllt
2 = gerade noch erfüllt
3 = erfüllt
4 = sehr gut erfüllt

Einteilung des Gewichtungsfaktors GF

1 = wünschenswert
2 = wichtig
3 = sehr wichtig

Bild 36: Auswahl des Optimierungsverfahrens

wird daher ein Verfahren entwickelt, das Komponenten der
äquidistanten Rasterstrategie sowie von heuristischen Verfahren beinhaltet.

Beim Setzen der den Teilverrichtungen zugeordneten Flächenelemente wird zunächst das Flächenelement, das die höchste
Anfahrhäufigkeit zugewiesen hat und gleichzeitig die höchste
Anfahrhäufigkeit von oder zum Montagepunkt besitzt (Start-
bedingung), an mögliche Positionen im Arbeitsraum eines
möglichen IR mit der minimalen Zubringzeit in der XY-Ebene
plaziert. Dabei können mehrere Positionen zur gleichen optimalen Zubringzeit führen. Die 10 besten alternativen Arbeitsraumbelegungen werden abgespeichert. Als nächstes
Flächenelement wird das mit der zweithöchsten Anfahrhäufigkeit gesetzt. Dabei wird in jeder der bereits vorliegenden
10 Arbeitsraumbelegungen das aktuell zu setzende Flächenelement innerhalb der noch zur Verfügung stehenden Freifläche
durch systematisches Durchsuchen so plaziert, daß sich für
die Summe der bisher gesetzten Elemente die 10 besten Zubringzeiten ergeben. Diese Arbeitsraumbelegungen werden
festgehalten. In der Summe ergeben sich damit 100 Lösungen,
von denen wiederum die 10 Lösungen gespeichert werden, die
in der Gesamtsumme eine minimale Zubringzeit ergeben. Damit
werden Nebenmaxima, die sich bei der Optimierung ergeben
können, mitberücksichtigt. Der Setzvorgang für die weiteren
Flächenelemente erfolgt analog.

Mit der Variation der Ablaufvarianten, wodurch die Anfahr-
häufigkeiten der Flächenelemente variiert werden, alternativen Teilebereitstellungskonzepten, was zu alternativen
Flächenelementen führt, und Überprüfung des Einsatzes alternativer Industrieroboter wird damit ein Lösungsfeld von
Layoutkonzepten mit zugehörigen Taktzeiten entworfen (Bild 37).
Der Variationsparameter alternative Teilebereitstellungskonzepte wird auf die zwei Extreme maximale und minimale
Flächengröße der Teilebereitstellungssysteme begrenzt, um
die Zahl der notwendigen Rechendurchläufe zu reduzieren.

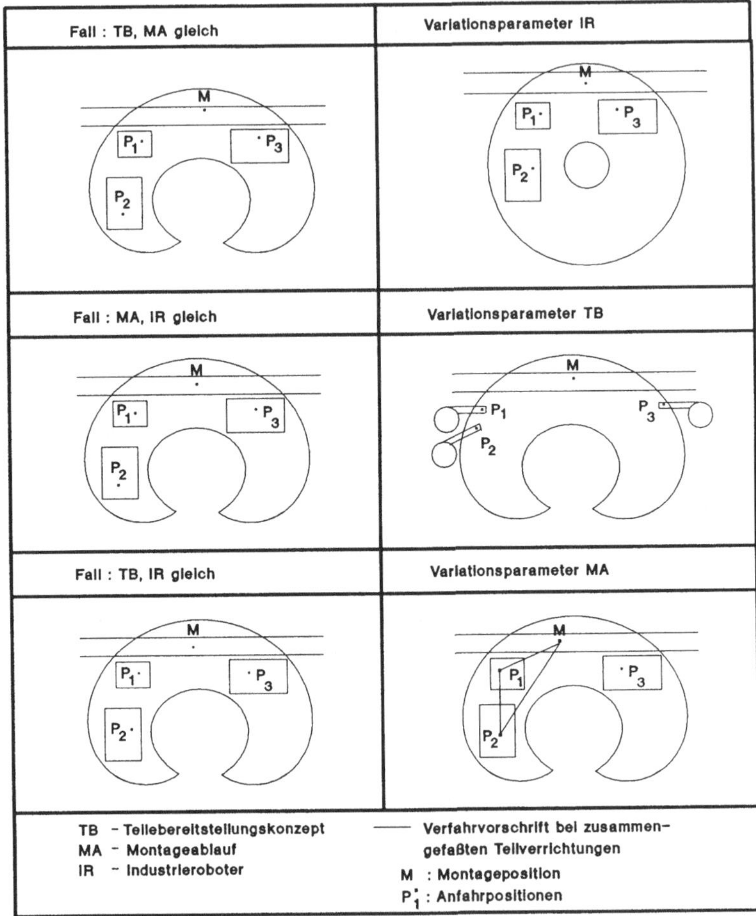

Bild 37: Prinzipielle Darstellung der möglichen Konzeptva-
rianten für eine flexible Montagestation

Die Zahl der automatisch ermittelten taktzeitoptimierten
Stationskonzepte errechnet sich aus dem Produkt der möglichen IR, der Ablaufvarianten sowie der zwei Teilebereit-
stellungsalternativen. Für jedes ermittelte Konzept existieren 10 weitere Alternativlösungen.

6.3.3   Ergebnisse und Bewertung

Ergebnis der in dieser Planungsphase durchgeführten quali-
tativen Systemanalyse sind mehrere Layoutkonzepte mit zugehörigen Taktzeiten. Die Taktzeiten werden mit einer Genauigkeit von ca. ± 12 % berechnet. Dabei ist jedoch zu berücksichtigen, daß die bei der Taktzeitberechnung in dieser
Planungsphase zugrundeliegenden Geometriedaten noch Annahmen
bzw. durch die Arbeitsraumdigitalisierung ungenau sind.

Der Planer muß aus dem entwickelten Lösungsfeld ein Konzept
auswählen. Dabei sind über die Taktzeit hinaus weitere Auswahlkriterien möglich. Die Realisierbarkeit des ausgewählten
Konzeptes bezüglich Kollisionen, praktischer Umsetzbarkeit,
auch unter materialflußtechnischen Gesichtspunkten bei der
Teileversorgung, muß vom Planer beurteilt werden.

6.4   Methode zur Ausarbeitung des Systementwurfs

Zur Ausarbeitung des Systementwurfs wird in einer quantitativen Systemanalyse das optimierte und vom Planer als rea-
listisch beurteilte und ausgewählte Stationskonzept detailliert. Der bei der Konzeptentwicklung modellhaft in Teilverrichtungen beschriebene Montageablauf wird in Anlehnung an
Sprachsequenzen zur Roboterprogrammierung durch einzelne
Teilschritte beschrieben (Bild 38). Hierzu liegt das ausgewählte 2 D-Layout der Montagestation vor. Jedes Programm-
element ist dabei gemäß den entwickelten Berechnungsvorschriften für Taktzeitelemente unterschiedlich fehlerbe-
haftet.

Der Planer kann nun den Montageablauf im Detail optimieren.
Mit dem Befehlssatz zur Detailablaufbeschreibung der hand-
habungsbedingten Zubringvorgänge können Bewegungen in
Z-Richtung oder zusammengesetzte Bewegungselemente durch
Überschleifen taktzeitoptimiert werden. Durch die explizite
Auswahl von Systemkomponenten für Greif- / bzw. Greifer-

TAKTZEIT-ELEMENT	BEFEHLE ZUR DETAILABLAUFBESCHREIBUNG	BERECHNUNGS-FEHLER (%)	KOMMENTAR
T_{HZ}	– Fahre nach < B >	±5	Bewegung in der XY-Ebene
	– Fahre über < B > nach < C >	±5	Überschleifen eines Punktes B (in der XY-Ebene)
	– Fahre 2Dz nach < B >, z-Hub = <>	±5	Überschleifen eines Eckpunktes
	– Fahre z2Dz nach < B >, z-Hub = <>	±5	Überschleifen beider Eckpunkte
	– Fahre z,z-Hub = <>	±5	Bewegung in Z – Richtung
T_{HF}	– Füge Teil<XYZ>	±9	Datenübernahme aus der Analyse
T_{GR}	– Greife Einfach, < Greifertyp XYZ >	±5	Auswahl des Greifers aus Datenbank
	– Greife Programmierbar, < Greifertyp XYZ >	±5	Auswahl des Greifers aus Datenbank
T_{GW}	– Wechsle Greifer, Extern, < Typ XYZ >	±15	Auswahl des Greiferwechselsystems aus Datenbank
	– Wechsle Greifer, Revolver, Teilung = < >	±5	Berechnung mit Bewegungssimulation der Roboterhandachsen
T_{VZ}	– WT-Einlauf von < B > nach < M >, < Bandtyp XYZ >	±10	Auswahl des Bandtyps aus Datenbank
T_{SP}	– Schraube Teil <XYZ>	±10	Datenübernahme aus der Analyse

T_{HZ} = Handhabungsbedingte Zubringzeit T_{GR} = Greifzeit T_{VZ} = Verkettungsbedingte Zubringzeit

T_{HF} = Handhabungsbedingte Fügezeit T_{GW} = Greiferwechselzeit T_{SP} = Schraubprozeßbedingte Fügezeit

Bild 38: Befehlelemente zur Beschreibung des Montageablaufs in einer flexiblen Montagestation

wechselvorgänge können für die vorliegenden Aufgaben takt-zeitoptimale Systemkomponenten ausgewählt werden. Mit der genauen Vorgabe der Einlaufstrecke für das Basisteil sowie der Festlegung des hierzu erforderlichen Verkettungsmittels können die verkettungsbedingten Zubringzeiten im Detail op-timiert werden. Die Fügezeiten werden in dieser Planungs-phase nicht mehr optimiert, die genaue Festlegung der Füge-vorgänge und der hierzu erforderlichen Systemkomponenten erfolgte bereits in der Teilverrichtungsanalyse.

Nach der Beschreibung des stationsinternen Montageablaufs liegen die zur Durchführung der Montageaufgabe notwendigen Programmanweisungen vor, die nun wiederum den ursprünglichen

Teilverrichtungen zugeordnet werden. Dies führt zu einer
genauen Berechnung der Vorgangszeit einer Teilverrichtung.
Aus der Beschreibung von parallelen und seriellen Vorgängen
wird die Gesamtstationstaktzeit berechnet. Der Berechnungsfehler liegt dabei bei ca. ± 7,5 %. Diese Genauigkeit ist
für den für die Anwendung der Methoden vorgesehenen Zielbereich Montageplanung gemäß dem aufgestellten Anforderungskatalog ausreichend.

7   Umsetzung der Ergebnisse

7.1   Aufbau des Planungssystems PRISMA

Die vorgestellten Berechnungsvorschriften für Taktzeitelemente sowie die Strategien zur Anwendung der Berechnungsvorschriften in verschiedenen Projektierungsphasen wurden in
Rechnerprogramme umgesetzt und gemäß dem entwickelten Grobkonzept zu dem Methodenbanksystem PRISMA integriert. Das
Softwarekonzept des Rechnersystems zeigt **Bild 39**. Zusätzlich
zu den beschriebenen Anwendungsphasen wurde das System um
den Modul "Erstellung Reallayout Gesamtsystem" erweitert.
Mit diesem Modul kann im Dialog ein graphisches Abbild der
beim Anwender des Montagesystems zur Verfügung stehenden
Aufstellungsfreifläche erzeugt werden. In diese Freifläche
werden die projektierten Montagestationen mit den Elementen
des Materialflußsystems plaziert. Zur Realisierung dieses
Moduls wurde ein marktgängiges CAD-System in PRISMA integriert.

Bei der Erstellung rechnerunterstützter Methoden, die den Planungsprozeß iterativ unterstützen, kommt der Datenverwaltung
besondere Bedeutung zu. Sämtliche Informationen, die bei der
Projektbearbeitung anfallen, werden in eine hierzu eröffnete
Projektliste eingeschrieben. In dieser Projektliste wird in
Teilverrichtungsdaten (TV-Daten), Stationsdaten und Gesamt-
systemdaten unterschieden. Sowohl die Stations- wie auch
Teilverrichtungsdaten erhalten eine fest vorgegebene Zahl
von Platzhaltern, die im Laufe der Projektarbeit sukzessive
mit Daten belegt werden. Dabei werden teilweise auch bereits
eingeschriebene Daten aktualisiert bzw. erneuert.

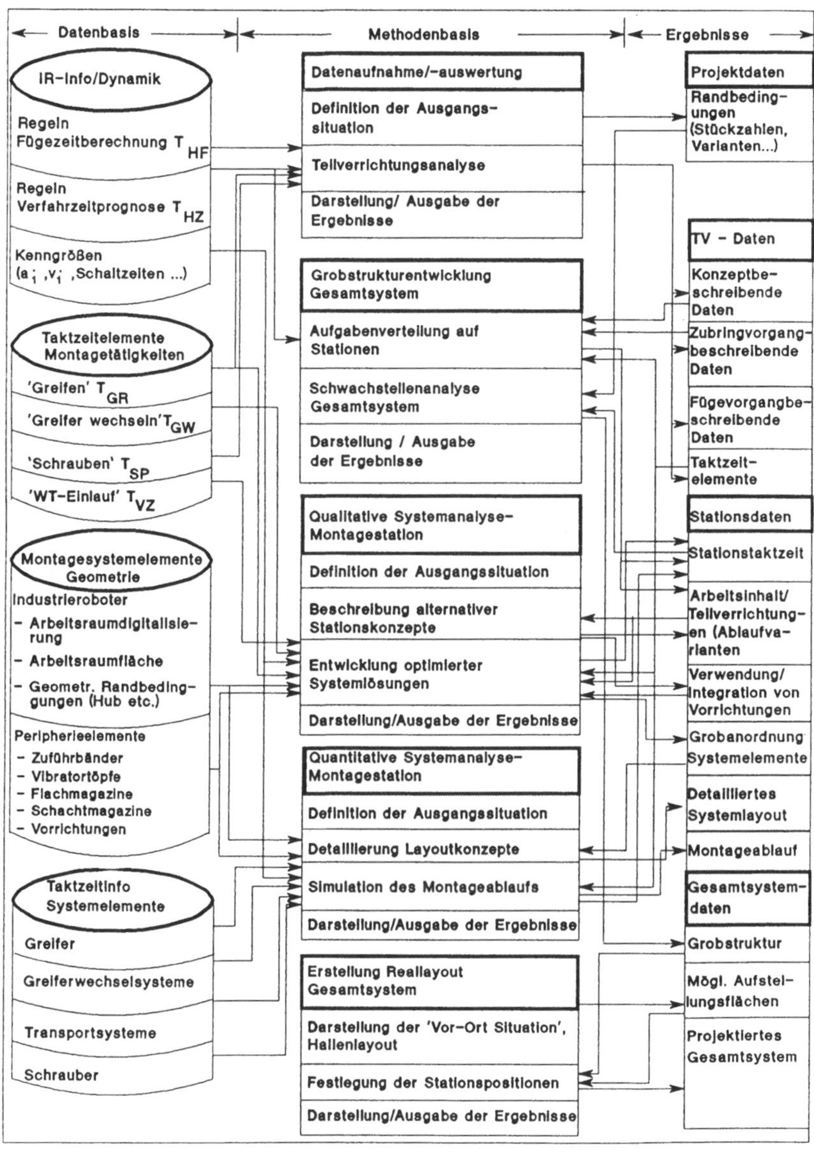

Bild 39: Softwarekonzept des Planungssystems PRISMA

Zur Aktualisierung des Planungssystems wurde ein Werkzeug
erstellt, mit dem folgende Aufgaben rechnerunterstützt
durchgeführt werden können:
- Simulationsmodellerstellung für handhabungsbedingte
  Zubringzeiten
- Erstellung von Fügezeitkurven
- Bestimmung von Vorgabezeiten
- Erstellung der Regressionskurven für die Taktzeit-
  prognose in der Planungsphase 2
- Digitalisierung von Roboterarbeitsräumen
- Implementierung der charakteristischen Daten zur
  Taktzeitberechnung von Greifern, Greiferwechsel-
  systemen und Schraubern

Zur Simulationsmodellerstellung werden die zu implementie-
renden Roboter im Versuch vermessen und daraus die Korrekturfaktoren zum Überschleifen, Ausschwingen und Schalten
abgeleitet. Analog ist die Vorgehensweise bei der Erstellung
der Fügezeitkurven. Zur Erstellung der Vorgabezeitwerte für
handhabungsbedingte Zubringzeiten und der Regressionskurven
wird direkt der Modul "Entwicklung optimierter Systemlösung-
en" des Planungssystems PRISMA verwendet. Die Digitalisierung des Arbeitsraums erfolgt direkt am Bildschirm nach
Vorgabe der Roboterkinematik durch Setzen der 100 mm x 100mm
Flächenelemente in den Arbeitsraum. Zur Implementierung
der Peripherieelemente werden die entsprechenden Daten in
die Datenbank eingeschrieben. Zur Implementierung eines neu-
en Industrieroboters in PRISMA ist bei vorliegenden Meßer-
gebnissen aus den Versuchen ein Arbeitsaufwand von ca. 2 Stunden notwendig. Damit liegen Hilfsmittel vor, das Planungssystem jeweils dem entsprechenden Stand der Roboterentwick-
lung anpassen zu können.

Zur Bearbeitung von Planungsprojekten wird ein CAE-
Arbeitsplatz, bestehend aus den Komponenten
- Personalcomputer IBM AT
- Graphikbildschirm

- alphanumerische Eingabetastatur
- graphisches Eingabegerät Mouse
- Ausgabegeräte Plotter, Drucker

benötigt. Der CAE-Arbeitsplatz ist die Grundlage für eine schnelle und komfortable Projektbearbeitung /62/.

7.2 Anwendung des Planungssystems PRISMA

7.2.1 Beschreibung der Planungsaufgabe

Zur beispielhaften Darstellung des Systemeinsatzes wird eine Planung der Montage von elektromagnetischen Schaltern durchgeführt. **Bild 40** zeigt die zu montierenden Produkte sowie die Randbedingungen der Montageaufgabe. Zwei Produktvarianten sollen mit einem Montagesystem montiert werden, aufgrund organisatorischer Gegebenheiten soll Produktvariante V1 an 160 Tagen und Produktvariante V2 an 60 Tagen im Jahr montiert werden. Damit ergeben sich je nach Produktvariante unterschiedliche Zieltaktzeiten.

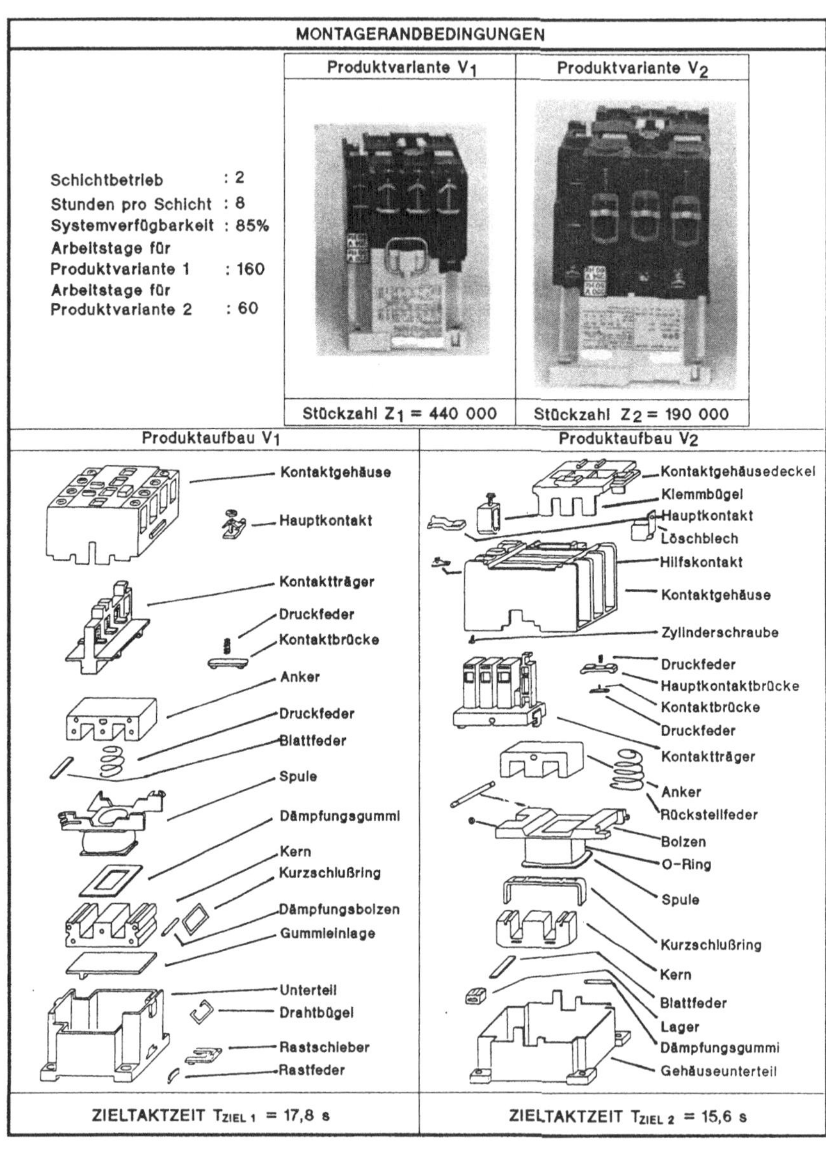

Bild 40: Beschreibung der Planungsaufgabe

7.2.2   Ergebnisse der Phase "Teilverrichtungsanalyse"

Nach Festlegung der Zieltaktzeit werden sämtliche zur Montage des Produktspektrums notwendige Teilverrichtungen analysiert. Dabei werden Daten, die die Funktion beschreiben,
sowie Daten, die Randbedingungen für die Konzeption festlegen, eingegeben. Ein Ergebnis der Teilverrichtungsanalyse
zeigt Bild 41.

AUSZUG AUS DER TEILVERRICHTUNGSLISTE "SCHÜTZMONTAGE"					
Nr. Teilverrichtung	Produkt- variante	Fügezeit max [s]	min	Verrichtzeit max [s]	min
1 Unterteil 1	1	0.00	0.00	2.30	1.60
2 Unterteil 2	2	0.00	0.00	2.30	1.60
3 Kern 1	1	1.21	0.78	3.51	2.38
4 Spule	1/2	1.49	0.96	3.79	2.56
5 Kern 2	2	1.35	0.87	3.65	2.47
6 Kurzschl.ring	2	1.49	0.96	3.79	2.56
7 Blattfeder	1/2	1.21	0.78	3.51	2.38
8 Gummieinlage	1	1.07	0.69	3.37	2.29
9 Drahtbügel	1	0.65	0.42	2.95	2.02
10 Kontaktträger	1	1.49	0.96	3.79	2.56
11 Lager	2	1.21	0.78	3.51	2.33
12 Anker	1	1.07	0.69	3.37	2.29
13 Druckfeder 1	1	0.79	0.51	3.09	2.11
14 Druckfeder 2	2	1.58	1.02	3.83	2.62
15 Hauptkontakt	1	1.00	0.64	3.30	2.24
16 Löschblech 1	1	0.72	0.47	3.02	2.07
17 Löschblech 2	2	0.65	0.42	2.95	2.02
18 Rastfeder	1	1.07	0.69	3.37	2.29

Bild 41:   Ergebnisse der Phase "Teilverrichtungsanalyse"

Wesentliche Ergebnisse sind die je nach verwendetem Industrieroboter maximal bzw. minimal notwendigen Füge- und Ausführungszeiten der Teilverrichtung. Bei vorliegendem Beispiel wird die Planung alternativ für die Industrierobotertypen Bosch SR 800 und Manutec R3 durchgeführt. Andere Industrieroboter kommen aus betriebsinternen Gründen seitens
des Montagesystemanwenders nicht in Betracht. Als weitere

Ergebnisse liegen in einer Projektliste für jede Teilverrichtung fest, welche Zeiten mit welchem Industrieroboter
erreicht werden können sowie die eingegebenen Daten für die
weitere Planung.

7.2.3 Ergebnisse der Phase "Stationstaktzeitprognose, Black-Box-Modell"

Zur Verteilung von Teilverrichtungen auf Montagestationen
stellt der Planer im Dialog den Arbeitsinhalt jeder einzelnen Montagestation zusammen, wobei jeweils die Taktzeiten
prognostiziert werden, die gerade für den augenblicklich
projektierten Arbeitsinhalt notwendig sind. Das Ergebnis der
Stationstaktzeitprognose im Black-Box-Modell für vorliegen-
des Beispiel zeigt Bild 42. Dargestellt werden beispielhaft
die Berechnungsergebnisse bei einem geplanten Einsatz des
Industrieroboters Bosch SR 800 in allen Montagestationen.
Die Verwendung des Industrieroboters Bosch SR 800 bei vorliegender Aufgabenverteilung läßt das wirtschaftlichste
Konzept erwarten, die alternativ vorliegenden Konzepte beinhalten mehr Montagestationen. Zudem ist der Industrieroboter
Bosch SR 800 kostengünstiger als der bei diesem Planungsfall
alternativ mögliche Industrieroboter Manutec R3. Das System
ist in vorliegender Struktur realisierbar, wobei zur Montage
beider Produktvarianten Taktzeitreserven zu erwarten sind.
Als weitere Information für die folgenden Planungsschritte
ist der Arbeitsinhalt, wie beispielhaft für die Station S2
dargestellt, beschrieben. Rechnerintern liegen jedoch in den
entsprechenden TV-Listen die zur weiteren Konzeption notwendigen Daten fest.

- 99 -

Stations-bezeichnung	I R	V1 Tziel=17.8			V1 Tziel=15.6		
		Tms	Tms-Tziel	K	Tms	Tms-Tziel	K
S1	1	17.0	- 0.8	- 4.49	16.2	+ 0.6	+ 3.85
S2	1	18.2	+ 0.4	+ 2.25	16.0	+ 0.4	+ 2.56
S3	1	15.8	- 2.0	-11.24	14.1	- 1.5	- 9.62
S4	1	15.3	- 2.5	-14.04	15.3	- 0.3	- 1.92
S5	1	19.3	+ 1.5	+ 8.43	13.8	- 1.8	-11.54
V1	1	17.4	- 0.4	- 2.25	15.9	+ 0.3	+ 1.92
M1	1	18.5	+ 0.7	+ 3.93	14.0	- 1.6	-10.26
M2	1	16.5	- 1.3	- 7.30	16.1	+ 0.5	+ 3.21
M3	1	15.2	- 2.6	-14.61	16.2	+ 0.6	+ 3.85
M4	1	17.1	- 0.7	+ 3.93	14.1	- 1.5	- 9.62
M5	1	18.3	+ 0.5	+ 2.81	13.9	- 1.7	-10.90
M6	1	15.3	- 2.5	-14.04	14.8	- 0.8	- 5.13
M7	1	19.2	+ 1.4	+ 7.87	15.1	- 0.5	- 3.21

Beispielhafte Beschreibung der Station S2

Montageinhalt V1 : -Spule   Montageinhalt V2 : -Spule
               -Kern   -Kurzschlußring
               -Gummieinlage   -Kern
               -Drahtbügel

IR1 = Bosch SR 800	V1 = Produktvariante 1
T_{MS} = Taktzeit der Montagestation	V2 = Produktvariante 2
T_{Ziel} = Zieltaktzeit	K = Taktzeitabweichung (%)

Bild 42: Ergebnisse der Phase "Stationstaktzeitprognose, Black-Box-Modell"

7.2.4 Ergebnisse der Phase "Entwicklung Stationskonzepte"

Der Planer beschreibt im Dialog mit dem Rechner mögliche stationsinterne Montageablaufvarianten. Die alternativ einsetzbaren Teilebereitstellungskonzepte liegen fest, so daß vom Rechner automatisch ein Lösungsfeld von möglichen Montagestationskonzepten mit zugehörigen Taktzeiten erzeugt wird. Aus Bild 43 sind verschiedene Konzeptalternativen für die Montagestation S2 ersichtlich.

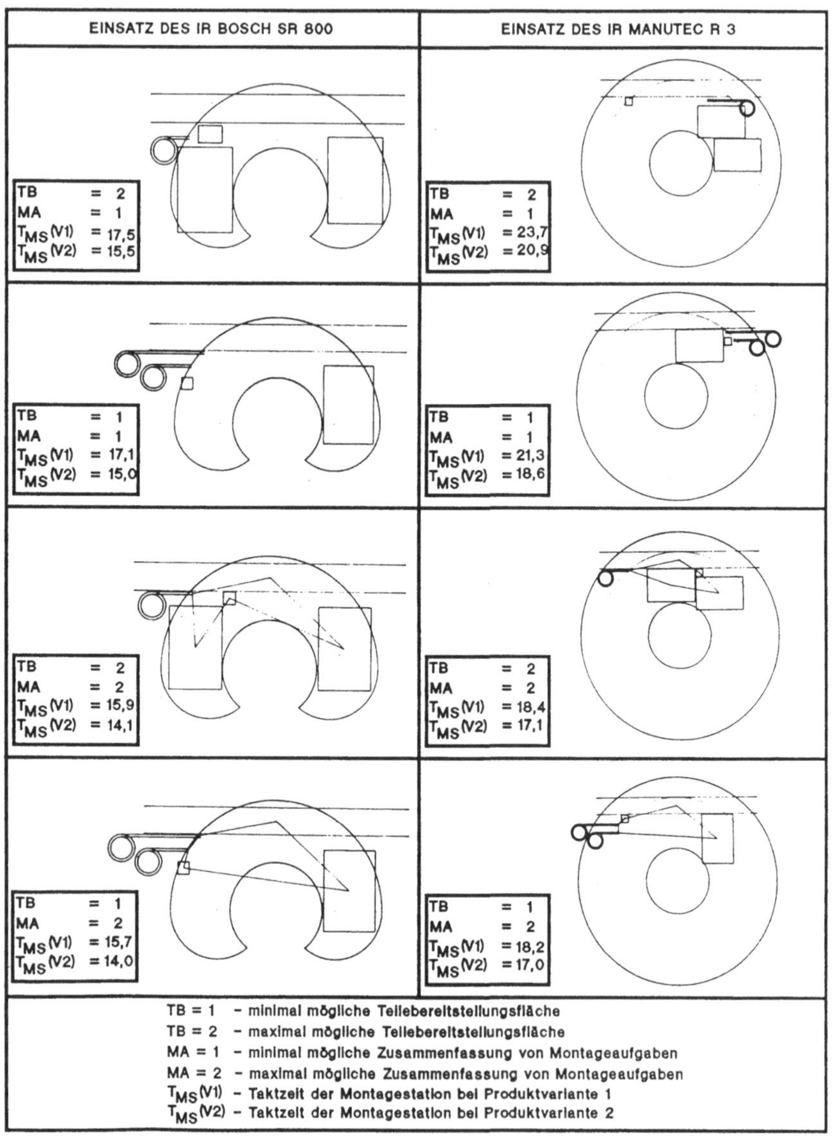

Bild 43: Ergebnisse der Phase "Entwicklung Stationskonzepte"

Neben dem bei der "Stationstaktzeitprognose im Black-Box-Modell" projektierten IR vom Typ Bosch SR 800 wird vergleichend für diesen Stationsinhalt auch die Einsatzmöglichkeit des Industrieroboters Manutec R3 überprüft. Dabei zeigt sich, daß der IR Manutec R3 aus Taktzeitgründen bei der vorliegenden Aufgabenverteilung in dieser Station nicht eingesetzt werden kann. Bei den Konzeptalternativen wird das Bosch SR 800-Layout mit der maximalen Flächenbelegung und minimal möglichen Zusammenfassung von Montageaufgaben ausgewählt. Dieses Konzept erfüllt die Anforderungen der Zieltaktzeiteinhaltung bei Montage beider Produktvarianten. Andere Konzepte lassen zwar kürzere Taktzeiten erwarten, doch ist einerseits die Einhaltung der 85 % Verfügbarkeitsannahme eher mit Magazinen als Teilebereitstellungssysteme als mit Vibrationswendelförderern zu erreichen, andererseits erhöhen die für eine Zusammenfassung von Montageaufgaben notwendigen Greiferwechselsysteme die Investitionssumme für die Montagestation.

7.2.5 Ergebnisse der Phase "Ausarbeitung Stationsentwurf"

Nach Auswahl der einzelnen Montagestationslayouts aus dem jeweiligen Lösungsfeld werden diese Konzepte in der quantitativen Systemanalyse detailliert ausgearbeitet. Hierzu beschreibt der Planer auf der Basis des optimierten Stationskonzeptes den Montageablauf im Dialog durch die Aufteilung in einzelne Ablaufschritte (Bild 44). Die Zusammenfassung der Ablaufschritte und Zuordnung zu den in der Station zu verarbeitenden Teilverrichtungen führt zur genauen Bestimmung der Taktzeit einer Teilverrichtung bei dem vorliegenden Konzept.

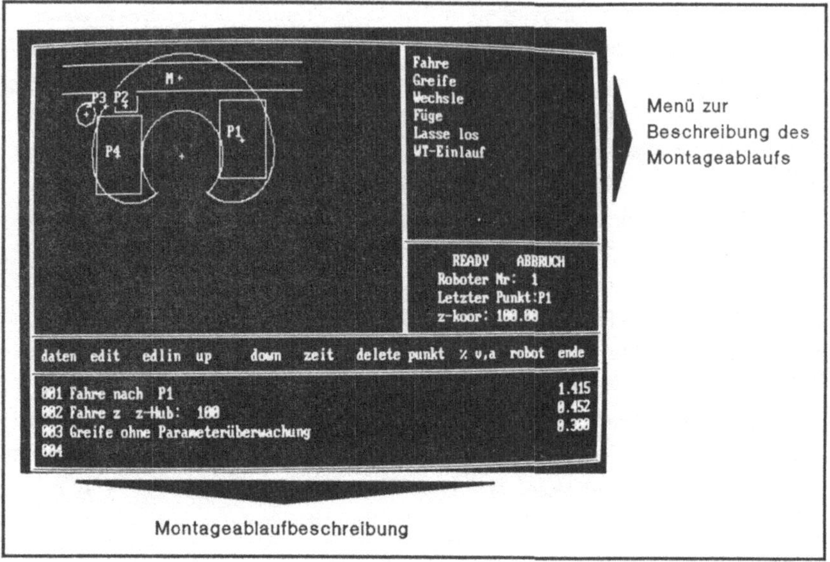

Bild 44: Detaillierte Beschreibung des Montageablaufs im Dialog

Das Ergebnis nach Bearbeitung des Projektes in der quantitativen Systemanalyse zeigt **Bild 45**. Dieses Ergebnis kann beispielsweise vom Montagesystemhersteller direkt in die Angebotsunterlagen übernommen werden. Die Lösungsschritte, die zur Erzeugung dieses Ergebnisses notwendig waren, sind alle auf Datenträgern speicherbar und können zur weiteren Planung nach Auftragseingang wieder rekapituliert werden.

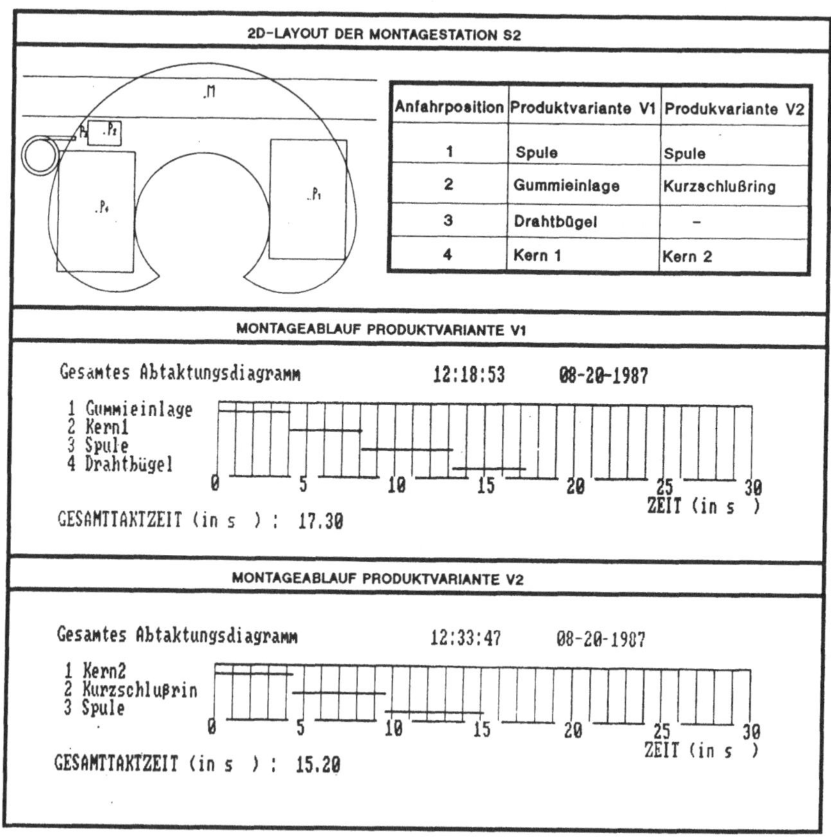

Anfahrposition	Produktvariante V1	Produkvariante V2
1	Spule	Spule
2	Gummieinlage	Kurzschlußring
3	Drahtbügel	–
4	Kern 1	Kern 2

Bild 45: Ergebnisse der Phase "Ausarbeitung Stationsentwurf"

7.2.6   Darstellung des Planungsergebnisses

Nach der Detailplanung sämtlicher zur Durchführung der Montageaufgabe notwendigen Stationen werden diese in die hierzu vorgesehene Freifläche im realen Hallenlayout plaziert
Bild 46).

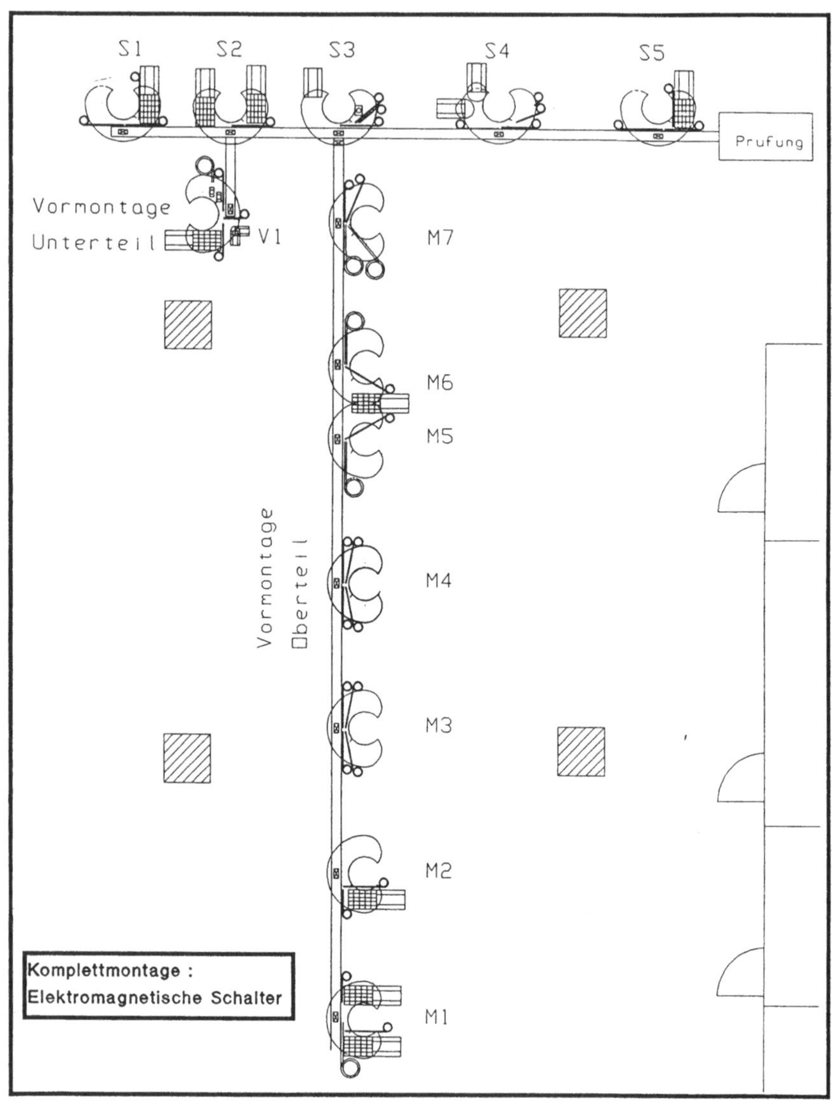

Bild 46: Ergebnis der Planung mit PRISMA

Im vorliegenden Beispiel ergeben sich zwei Vormontage-
bereiche, die direkt den Endmontagebereich mit Montagebau-
gruppen versorgen. Die Gesamttaktzeit beträgt bei Produktvariante 1 ca. 17,5 s und bei Produktvariante 2 ca. 15,4 s.
Dies bedeutet eine geplante Taktzeitsicherheit bezogen
auf die Zieltaktzeit von ca. 1,5 %, d.h. vornehmliches Ziel
der Planung war die Systemoptimierung nach dem Kriterium
Taktzeit, wobei die Planungsreserven aus Kostengründen minimiert werden mußten. Im Fall der Nichtrealisierbarkeit
einzelner Stationen bei der weiteren Projektarbeit liegen
jedoch wie beschrieben eine Fülle von Maßnahmen zur weiteren
Taktzeitoptimierung vor, so daß von einer praktischen Umsetzbarkeit vorgestellten Montagesystems ausgegangen werden
kann.

7.3   Bewertung des Einsatzes von PRISMA bei der Montageplanung

Der Einsatz von PRISMA bei der Montageplanung führt zu einem
monetär quantifizierbaren Nutzen und zu einem monetär
nicht bzw. schwer quantifizierbaren Nutzen. Monetär qantifi-
zierbar sind hierbei die Planungskosten, die durch die Verkürzung der Zeit für die Durchführung der Planungsaufgabe beim
Einsatz von PRISMA eingespart werden. Nicht bzw. schwer quan-
tifizierbar ist die Verbesserung der Planungsergebnisse
durch die Entwicklung taktzeitoptimierter Montagestations-
konzepte durch den Einsatz von PRISMA. Das Vorhandensein sowohl monetär quantifizierbarer als auch monetär nicht quantifizierbarer Kosten und Nutzengrößen erschwert den Nachweis
der Wirtschaftlichkeit des Planungssystems. Man behilft sich
deshalb in der Praxis meist derart, daß man die quantifizierbaren Größen im Rahmen einer herkömmlichen Kostenrech-
nung erfaßt und bewertet. Alle nicht quantifizierbaren Größen können dagegen nur durch eine auf den konkreten Anwen-
dungsfall bezogene vergleichende Betrachtung und Bewertung
von Planungsergebnissen, die manuell und bei Projektbearbeitung mit PRISMA erzielt wurden, beurteilt werden.

Zur Bewertung des monetär quantifizierbaren Nutzens bei der
Bearbeitung von Planungsprojekten mit dem Programmsystem
PRISMA ist zunächst die Reduktion des Bearbeitungsaufwands
für die einzelnen Planungsaufgaben von Bedeutung. Die Einsparung der Bearbeitungszeit bei der Anwendung von PRISMA bei
verschiedenen Projekten ergab einen Mindestwert von 33 %,
bezogen auf die gesamte Projektbearbeitungszeit im Vergleich
zur manuellen Projektbearbeitungszeit. Dieser Wert gilt für
Planungen von Montagesystemen in der Größenordnung 1-3 ver-
ketteter Montagestationen und erhöht sich bei zunehmender
Anzahl von Montagestationen. Dabei wird für dieses Rechen-
exempel vorausgesetzt, daß die Planungsergebnisse qualitativ
vergleichbar sind.

Neben den personalbezogenen Planungskosten müssen bei der
rechnerunterstützten Montageplanung einerseits Aufwendungen
für die hardwaremäßige Erstellung der EDV-Anlage mit berücksichtigt werden. Dazu gehören im wesentlichen die Anschaf-
fungskosten des beschriebenen CAE-Arbeitsplatzes. Die Kosten
liegen hierfür bei ca. DM 35.000.-, wobei zu beachten ist,
daß diese Kosten zukünftig eher zurückgehen werden /62/.

Einen weiteren Kostenblock stellen andererseits softwaremä-
ßig die Systemeinführungs- und Systempflegekosten dar. Da
die Höhe dieses Kostenblocks sehr stark von der Anzahl möglicher Programmanwender, d.h. von der Verbreitung des Programmsystems, abhängt, ist eine exakte Bestimmung zum jetz-
igen Zeitpunkt schwierig. Man geht deshalb für die weitere
Rechnung von einem Schätzwert aus, der in Anlehnung an die
Systemeinführungskosten ähnlicher komplexer Programmsysteme
beim Programmsystem PRISMA auf DM 100.000.-festgelegt wurde. Hierin sind die Hardwarekosten mit enthalten, da diese
dem als Stand-Alone-System ausgeführten CAE-Arbeitpslatz für
den Planungsbereich zuzurechnen sind. Die Systempflegekosten
beinhalten die Wartung der Rechenanlage und "laufende Pflege"
des Programmsystems. Erfahrungswerte zeigen, daß diese
Kosten etwa 10 % der Systemeinführungskosten pro Jahr be-

tragen /63/. Geht man von einer Systemnutzungsdauer von ca.
5 Jahren, kalkulatorischen Zinsen von 8 % und ca. DM 30.000.-
personellen Aufwendungen für die beschriebenen Planungsaufgaben pro Projekt aus, dann ergibt sich die wirtschaftliche
Einsatzgrenze des Planungssystems PRISMA bereits bei ca. 4 An-
wendungsfällen pro Jahr (Bild 47). Das System ist daher nicht

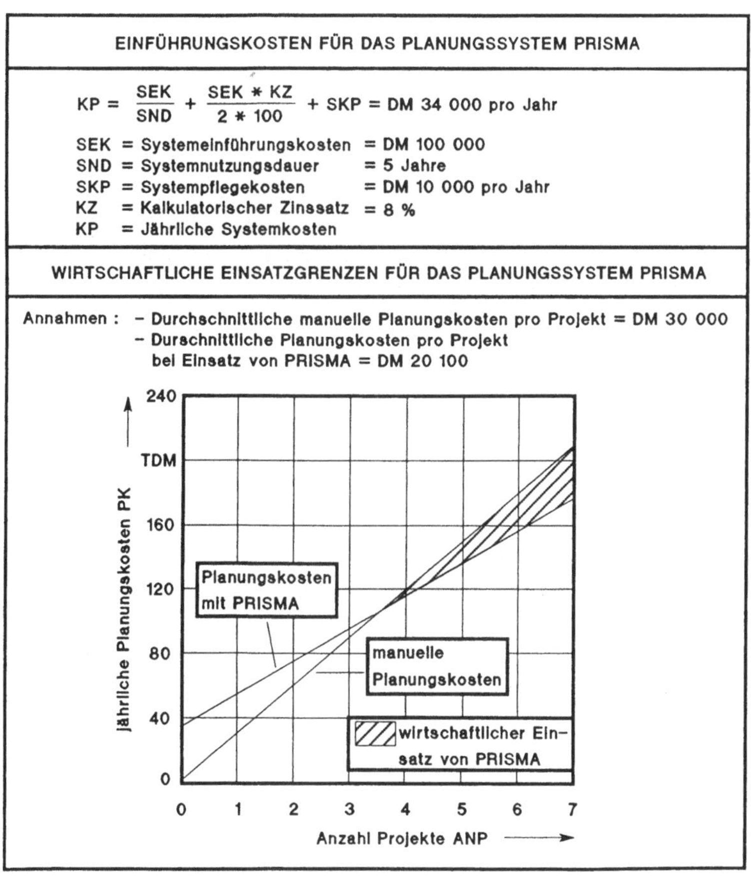

Bild 47: Beispielhafte Kosten-/Nutzen-Betrachtung bei der
Planung mit PRISMA

nur für den Hersteller sondern auch für den größeren Anwender von Montageanlagen gewinnbringend.

Für eine umfassende Beurteilung des vorliegenden Programmsystems reicht es jedoch nicht aus, nur die quantifizierbaren Größen zu erfassen und zu bewerten. Vielmehr müssen in
diese Betrachtung in verstärktem Maße auch die nicht bzw.
schwer quantifizierbaren Faktoren mit einbezogen werden.

Mit PRISMA können zielgerichtet, am Planungsprozeß orien-
tiert, taktzeitoptimierte Konzepte für flexible Montagestationen erstellt werden. Dies ist mit sämtlichen auf dem Markt
befindlichen Robotereinsatzplanungssystemen bisher nicht
möglich. Die Planung mit PRISMA führt daher zu Montagekonzepten, bei denen die unter Taktzeitgesichtspunkten bestehenden Optimierungsmöglichkeiten ausgeschöpft werden. Die
daraus resultierenden Montagekonzepte sind daher kostengünstiger als vergleichbare Konzepte. Am aufgeführten Einsatz-
beispiel, der Planung einer Montageanlage für elektromagne-
tische Schalter, wird dies kurz erläutert. Zur Realisierung
vorliegender Planung sind Investitionen von ca. 5.000 TDM
notwendig. Die unter Taktzeitgesichtspunkten optimierte Auslegung des Systems führte zu 13 verketteten Montagestationen. Alternativ hierzu, manuell geplante Systemkonzepte
gingen von mindestens 14 Montagestationen aus, die Investi-
tionskosten lagen dabei um mindestens 250 TDM höher. Der
Einsatz von PRISMA hätte sich daher schon bei diesem einen
Einsatzfall amortisiert.

Zusammenfassend werden nochmals die wesentlichen Vorteile bei
dem Einsatz von PRISMA bei der Planung flexibler Montagesysteme aufgeführt. Diese sind im wesentlichen die

-   Verringerung der Routinetätigkeiten und Verkürzung
    der Planungszeit
-   Erhöhung der Planungsqualität und Ergebnisdokumen-
    tation

-   Gewährleistung der Transparenz des Planungsablaufs
    und Reproduzierbarkeit der Planungsergebnisse

Vor allem ist dabei die Erhöhung der Planungsqualität von
Bedeutung, da unter praktischen Gesichtspunkten bei manueller
Projektbearbeitung bei vergleichbarer Projektbearbeitungszeit die mit PRISMA erzielten Ergebnisse nicht erreichbar
sind.

Die flexible Automatisierung der Montage mittels Industrieroboter stellt aufgrund der Vielfalt der zu behandelnden
Teilaufgaben und ihrer interdisziplinären Zusammenhänge eine
sehr komplexe, zeitaufwendige Planungsaufgabe dar. Eine wesentliche Aufgabe bei der Montageplanung ist die Bestimmung
der Taktzeit in einer flexiblen Montagestation. Diese ist
bestimmend für die Ausbringung des gesamten Montagesystems.
Zur Lösung dieser Aufgabe wurden bislang nur wenige Hilfsmittel angeboten. Die Hilfsmittel sind alle erst in relativ
späten Planungsstadien einsetzbar, wenn bereits eine genaue
Vorstellung vom Arbeits- und Gestaltprinzip der Montagestation vorliegt. Eine automatische Optimierung der Taktzeit
einer flexiblen Montagestation ist mit den bestehenden
Hilfsmitteln nicht möglich. Die Erstellung des eigentlichen
Montagekonzepts gründet sich zur Zeit im wesentlichen auf
den praktischen Erfahrungen des jeweiligen Bearbeiters. Dies
führt häufig zu einer frühzeitigen Einschränkung des Lö-
sungsfeldes und damit zu einem technisch und wirtschaftlich
nicht befriedigenden Gesamtergebnis.

Diese Ausgangslage sprach für die Entwicklung eines Systems
zur Planung taktzeitoptimierter flexibler Montagestationen.
Durch die Anwendung eines solchen Systems wird die Planung
reproduzierbar, schneller und unabhängiger von dem Wis-
sensstand des jeweiligen Bearbeiters.

Grundlage für die Entwicklung des Planungssystems bildete
eine detaillierte Analyse zur Festlegung der Randbedingungen. Aufbauend auf der Analyse der Häufigkeit von Tätigkeiten in der Montage wurden Taktzeitelemente definiert, die
im Rahmen der vorliegenden Arbeit zu berücksichtigen sind.
Die Analyse des Anteils der einzelnen Taktzeitelemente an
der Zykluszeit in einer flexiblen Montagestation liefert
dabei eine der Grundlagen zur Ableitung von Anforderungen an
die Berechnungsgenauigkeit der Taktzeitelemente.

Die Analyse bekannter Berechnungsverfahren für Taktzeitelemente ergab, daß lediglich die Verfahren zur Bestimmung der
verkettungsbedingten Zubringzeiten bei der Entwicklung des
Planungssystems übernommen werden können.

Zur Taktzeitoptimierung einer flexiblen Montagestation wurden im wesentlichen 6 Maßnahmen definiert. In Fallbeispielen
wurden die Optimierungsmöglichkeiten bei Anwendung dieser
einzelnen Maßnahmen ermittelt. Dabei zeigte sich, daß mit
jeder der 6 Maßnahmen erhebliche Optimierungsreserven er-
schöpft werden können.

Die Möglichkeit zur Berechnung der Taktzeitelemente und zur
Anwendung von Optimierungsmaßnahmen ist abhängig vom jewei-
ligen Bearbeitungsstadium der Planungsaufgabe im Planungs-
prozeß. Aufbauend auf der Analyse des Planungsprozesses
wurden Einsatzbereiche der Taktzeitermittlung in Form eines
Phasenkonzeptes definiert. Diese Einsatzbereiche sind:
- Phase 1 "Teilverrichtungsanalyse"
- Phase 2 "Stationstaktzeitprognose, Black-Box-Modell"
- Phase 3 "Entwicklung Stationskonzepte"
- Phase 4 "Ausarbeitung Stationsentwurf"
Die Analyse der Informationen, die in den einzelnen Planungsphasen für die taktzeitoptimierte Montagestationspla-
nung vorliegen, war Grundlage für die Entwicklung von Be-
rechnungsvorschriften für Taktzeitelemente sowie für die
Erstellung einer Strategie zur Anwendung der Optimierungs-
maßnahmen im Phasenkonzept.

Die Auswertung der Analysedaten erfolgte in zwei Stufen. Zunächst wurde ein Anforderungskatalog für die Entwicklung des
Planungssystems erstellt. In einem zweiten Schritt wurde ein
fachliches und ein DV-spezifisches Konzept für das Planungssystem erstellt. Das fachliche Konzept beschreibt die
anwendbaren Methoden zur Optimierung und Berechnung von
Taktzeitelementen je nach Planungsphase, das DV-Konzept ist
in Form eines Methodenbanksystems ausgeführt.

Im experimentellen Teil der Arbeit wurden Berechnungsvorschriften für die einzelnen Taktzeitelemente erstellt. Je
nach Taktzeitelement und Planungsphase führte dies zur Erstellung von Simulationsmodellen, variablen und fixen Zeitbausteinen. Die Anwendung der Berechnungsverfahren bei der
Stationstaktzeitberechnung ergab in der Planungsphase 3
eine theoretische Berechnungsgenauigkeit von ± 11,88 % und
in der Planungsphase 4 eine theoretische Berechnungsgenauigkeit von ± 6,84 %.

Zur Einbindung der Berechnungsverfahren in ein Planungssystem war die Entwicklung von Methoden notwendig. Ein Problem
bei der Bestimmung von Vorgabezeiten von Teilverrichtungen
und der Bestimmung der Stationstaktzeit im Black-Box-Modell
in der Planungsphase 2 war die Bestimmung der handhabungsbedingten Zubringzeiten, da in dieser Planungsphase noch
keine Weginformationen vorliegen. Hierzu wurde eine Methode
entwickelt. Als Optimierungsmethoden wurden in der Planungsphase 2 Methoden des systematischen Durchsuchens und
bei der Erstellung von Lösungsfeldern für flexible Montagestationen in der Planungsphase 3 ein Verfahren, das Komponenten der äquidistanten Rasterstrategie sowie von heuristischen Verfahren beinhaltet, entwickelt.

Die Umsetzung der Ergebnisse führte zu dem Planungssystem
PRISMA. Die Analyse von Planungsbeispielen mit PRISMA ergab
als monetär quantifizierbares Kriterium eine zeitliche Verkürzung der Planungszeit um mindestens 33% gegenüber der
manuellen Planungszeit. Dies führt zu einem wirtschaftlichen Einsatz des Systems bei bereits 4 Anwendungen pro Jahr.
Wesentlich bedeutender ist jedoch die Erhöhung der Planungsgüte, da hier die größten Chancen für Wettbewerbsvorteile
liegen. Insgesamt versetzt das entwickelte Planungssystem
Unternehmen in die Lage, den Einsatz von Industrierobotern
auf dem Gebiet der flexiblen Montage zeitsparend und syste-
matisch zu planen. Durch die Orientierung an käuflichen In-

dustrierobotern sowie die zur Verfügung stehenden Tools zur
Systemaktualisierung ist gewährleistet, daß mit Hilfe des
Planungssystems stets sehr praxisnahe Lösungen entwickelt
werden, deren wirtschaftliches Risiko mit großer Wahrschein-
lichkeit vorhergesagt werden kann.

Die weiteren Forschungsarbeiten gliedern sich in zwei Richtungen. Zum einen werden Berechnungsverfahren für weitere
Taktzeitelemente, die zukünftig vermehrt in flexiblen Montagestationen zu erwarten sind, wie z.B. Zeiten für sensor-
unterstützte Fügevorgänge entwickelt werden /64/. Zum anderen wird an einem Planungssystem gearbeitet, welches
sämtliche Aufgaben der Planung flexibler Montagesysteme
unterstützt /65/. Das im Rahmen vorliegender Arbeit entwickelte Planungssystem ist in dieses Gesamtsystem integrier-
bar.

9   Schriftumsverzeichnis

/1/ Walther, J.:   Montage großvolumiger Produkte mit
                         Industrierobotern.
                         Stuttgart, Universität, Diss. Dr.-Ing.,
                         1985.

/2/ Warnecke, H.J.:   Das Rationalisierungspotential der
                         Zukunft liegt in der Montage. (Vorwort)
                         In: Fortschritte in der Montage: Strategien,
                         Methoden, Erfahrungen; 19. IPA-Arbeitstagung
                         3./4. Februar 1988 in Stuttgart. Berlin
                         u.a.: Springer, 1988.

/3/ Abele, E.u.a.:   Studie zur Untersuchung der
                         Einsatzmöglichkeiten von flexibel
                         automatisierten Montagesystemen in der
                         industriellen Produktion
                         (Montagestudie).
                         Düsseldorf: VDI-Verlag, 1984.

/4/ Milberg, J.:   Entwicklungstendenzen in der flexibel
                         automatisierten Montage.
                         In: Flexible Automation (1987) Nr.2,
                         S. 25-26.

/5/ Schulze, L.:   Entwicklungstendenzen in der
                         Materialfluß-Automatisierung.
                         In: Flexible Automation (1987) Nr.2,
                         S.26-27.

/6/ Feldmann, K.:   Rechnerunterstütztes Konstruieren im
                         Fertigungsmittelbau.
                         In: VDI-Berichte Nr. 473. Düsseldorf:
                         VDI-Verlag, 1982, S.41-53.

/7/ v. Gizycki, R.:   Auswirkung neuer Technologien auf die
                     Arbeitsplätze - dargestellt am Beispiel
                     von Industrierobotern.
                     In: Beschäftigungspolitik für die
                     achtziger Jahre.
                     München: R. Oldenbourg Verlag, 1980.

/8/ Milberg, J.:   Rechnerunterstützte Planung von
    Diess, H.:   automatischen Montageanlagen.
                     In: VDI-Z 128 (1986) Nr.11, S. 443-449.

/9/ Habenicht, D.:   ANSIM - Ein praxisgerechtes
                     Instrumentarium zur Planungsüberprüfung.
                     In: Praxis der Montageautomatisierung 86.
                     Würzburg: VDI-Verlag, 1986, S.231-245.

/10/ Wiendahl, H.-P.; Increasing the Availability of Assembly
     Ziersch, W.-D.: Systems.
                      In: Assembly Automation (1985) Nr.11,
                      S. 217-224.

/11/ Kumagai, T.:   The Relationship between Checking System
     Chang, Y.H.:   and local most adaequate Availability of
                     Assembly Machines.
                     In: Proc. 7th ICAA, Zürich, Feb.2nd-
                     Feb.4th 1986, S. 109-120.

/12/ Russig, A.:   Erfahrungen und Wege zur bedien- und
                     überwachungsarmen Fertigung.
                     In: Werkstatt und Betrieb 115 (1982) Nr.10,
                     S. 696-702.

/13/ Günther, W.:   Verfügbarkeit sichern von
                     Handhabungseinrichtungen mit
                     systematischer Wartung.
                     In: Maschinenmarkt 89 (1983) Nr.84,
                     S. 1919-1922.

/14/ Zülch, G.:   Simulationsverfahren in der Anwendung.
                          Teil 2: Simulation einer auftragsab-
                          hängigen Anlagenmontage.
                          In: wt-Z. ind. Fertig. 75 (1985) Nr.6,
                          S. 377-380.

/15/ Bullinger,H.-J.;   Interaktive Simulation von
     Schweizer, W.:   Montagesystemen.
                          In: wt-Z. ind. Fertig. 75 (1985) Nr.7,
                          S. 421-424.

/16/ Devai, J.J.:   SITRAM - ein Programmsystem zur
                          Simulation innerbetrieblicher Trans-
                          portprozesse in Montagesystemen.
                          In: Fördern und Heben 34 (1984)
                          Nr.10, S. 742-746.

/17/ Bachers, R.;   SIMULAP - ein neuer Weg bei der Simu-
     Steffens, H.:   lation von Materialflußprozessen.
                          HGF-Kurzbericht 81/70.

/18/ Heinz, K;   Planung und Organisation des Einsatzes
     Salwiczek, P.:   von Montage- und Handhabungsein-
                          richtungen.
                          In: VDI-Z 124 (1982) Nr.4, S. 115-120.

/19/ VDI-Richtlinie   Montagefunktionen - Begriffe, Symbole,
     2860 Blatt 2   Definitionen. 1984.

/20/ VDI-Richtlinie   Kenngrößen für Industrieroboter. 1987.
     2861 Blatt 2

/21/ Ammer, D.:   Rechnerunterstützte Planung von
                          Montageablaufstrukturen für Erzeugnisse
                          der Serienfertigung.
                          Stuttgart, Universität, Diss. Dr.-Ing.,
                          1984.

/22/ Dittmayer, S.:   Arbeits- und Kapazitätsteilung in der
                      Montage.
                      Stuttgart, Universität, Diss. Dr.-Ing.,
                      1981.

/23/ VDI-Richtlinie   Datenverarbeitung in der Konstruktion -
     2217 Entwurf   Begriffserläuterungen. 1979.

/24/ Barth, H.:   Grundliegende Konzepte von Methoden- und
                      Modellbanksystemen.
                      In: Angewandte Informatik 22 (1980),
                      S. 301-309.

/25/ Walther, J.:   Systematische Planung flexibel
                      automatisierter Montageanlagen.
                      In: VDI-Z 127 (1985) Nr.9, S. 313-318.

/26/ Löhr, H.-G.:   Eine Planungsmethode für automatische
                      Montagesysteme.
                      Stuttgart, Universität, Diss. Dr.-Ing.,
                      1976.

/27/ Schimke, E.-F.: Planung und Einsatz von Industrierobo-
                      tern. Arbeitsplatzanalysen, Auslegung
                      und Anwendung von Handhabungssystemen.
                      Düsseldorf: VDI-Verlag, 1978.

/28/ Metzger, H.:   Planung und Bewertung von
                      Arbeitssystemen in der Montage.
                      Mainz: Krausskopf, 1977.

/29/ o.V.:   REFA-Methodenlehre des Arbeitsstudiums.
                      Teil 3: Kostenrechnung, Arbeitsge-
                      staltung.
                      München: Hanser, 1976.

/30/ Schmidt-   Methode zur rechnerunterstützten
     Streier, U.:   Einsatzplanung von programmierbaren
                       Handhabungsgeräten.
                       Stuttgart, Universität, Diss. Dr.-Ing.,
                       1985.

/31/ Ehrlenspiel, K.; Ein Beitrag zur Theorie des
     Lindemann, U.:   Konstruktionsprozesses.
                       In: Konstruktion 33 (1981) Nr. 7,
                       S. 269-277.

/32/ Hubka, V.:   Theorie der Maschinensysteme.
                       Berlin, Heidelberg, New York:
                       Springer, 1976.

/33/ Hall, A.D.:   A Methodology for Systems Engineering.
                       Princeton, N.J.: Van Nostrand, 1962.

/34/ Nof, S.Y.;   Robot Time and Motion System.
     Lechtmann, H.:   In: Industrial Engineering, April 1982,
                       S. 38-48.

/35/ Kondoleon, A.S.: Cycle Time Analysis of Robot Assembly
                       Systems.
                       In: Proc. 9th ISIR, Washington D.C.,
                       March 13-15th, 1979, S. 575-587.

/36/ Langmoen, T.R.:   Assembly with Robots.
                       Norwegen, Trondheim, Universität, Diss.
                       Dr.-Ing., 1984.

/37/ Hollerbach,J.M.: A recursive Lagrangian Formulation of
                       Manipulator Dynamics and a comparative
                       Study of Dynamics Formulation Complexity.
                       In: IEEE Trans. on Systems, Man and
                       Cybernetics SMC-10, 11 (1980),
                       S. 730-736.

/38/ Brady, M.u.a.:   Robot Motion Planning and Control.
                     Cambridge, Mass.: MIT Press, 1982.

/39/ Wloka, D.;   Simulation der Dynamik von Robotern
     Blug, K.:   nach dem Verfahren von Kane.
                      In: Robotersysteme 1 (1985),
                      S. 211-216.

/40/ Kröplin, B.;   Roboter im CIM-Konzept.
     Bremer, C.;   In: Roboter (1987) Nr.3, S. 32-36.
     Hüser, C.:

/41/ Schwefel, H.-P.: Evolutionsstrategie und numerische
                      Optimierung.
                      Berlin, Universität, Diss. Dr.-Ing.,
                      1975.

/42/ Wilde, D.J.;   Foundations of Optimation,
     Beightler, C.S.: Englewood Cliffs, N.J.: Prentice-Hall,
                      1967.

/43/ Schlechter, S.: Minimization of a convex Function by
                      Relaxation.
                      In: Abadie (1970), S. 177-190.

/44/ Rechenberg, I.: Evolutionsstrategie: Optimierung
                      technischer Systeme nach Prinzipien
                      der biologischen Evolution.
                      Stuttgart: Frohmann-Holzberg, 1973.

/45/ Horst, R.:   Nichtlineare Optimierung.
                      München, Wien: Hanser, 1979.

/46/ Rosenbrock,H.H.: An automatic Method for Finding the
                      greatest or least Value of a Function.
                      In: Computer Journal 3 (1960), S. 175-189.

/47/ Hesse, R.:   A heuristic Search Procedure for
                      Estimating a global Solution of
                      nonconvex Programming Problems.
                      In: Operations Research 21 (1973),
                      S. 1267-1280.

/48/ Zangemeister,   Nutzwertanalyse in der Systemtechnik.
     Ch.:   München: Wittemann'sche Buchhandlung,
                      1970.

/49/ Palovick, A.K.;   Vom Labor in die Produktion.
     Henderson, D.;   In: Roboter (1987) Nr.2, S. 24-28.
     Schneider, M.:

/50/ Jasany, L.C.:   Automate first with Simulation Software.
                      In: Production Engineering (1986) Nr.11,
                      S. 40-46.

/51/ Mills, R.B.:   Smarter Off-Line Programming for Robots.
                      In: CAE (1986) Nr.11, S. 38-44.

/52/ Schneider, M.:   Robotersimulation und Offline-
                      Programmierung.
                      In: Roboter (1986) Nr.4, S. 20-24.

/53/ o.V.:   Multiple Robot Simulation Workstation.
                      In: Robot News International 6 (1986)
                      Nr. 57, S. 7.

/54/ Grabowski, H.;   Automated Assembly Programming using
     Kandziora, B.:   CAD-Systems.
                      In: Proc. 7th ICAA, Zürich, Feb.2nd-
                      Feb.4th 1986, S. 131-140.

/55/ Wloka, D.W.   Graphical Simulation of the Factory of
the Future.
In: Proc. 25th Conference on Decision and
Control, Athen, Dez. 1986, S.1860-1865.

/56/ Milberg, J.;   Roboter-Einsatzplanung und Offline-
Wrba, P.:   Programmierung mit USIS.
In: ZwF 81 (1986) Nr. 9, S. 484-488.

/57/ Schweizer, M.:   Taktile Sensoren für programmierbare
Handhabungsgeräte.
Stuttgart, Universität, Diss. Dr.-Ing.,
1978.

/58/ DIN 8593   Fertigungsverfahren Fügen, 1985.

/59/ Warnecke, H.-J.; Entwicklung und Anwendung
Wanner, M.-C.:   rechnergestützter Konstruktions-
hilfen zur Auslegung von
Roboterstrukturen.
In: Robotersysteme 1 (1985),
S. 75-82.

/60/ o.V.   Technische Druckschriften, Firmen-
prospekt.
Stuttgart: Fa. Bosch, ca. 1987.

/61/ Schlechtendahl, Methodenbanken und ihre mögliche
E.G.:   Auswirkung auf die Gestaltung
von CAD-Systemen.
In: VDI-Berichte Nr. 492.
Düsseldorf: VDI-Verlag, 1983,
S.291-302.

/62/ Warnecke, H.-J.; Computer-aided Planning of Assembly
     Schraft, R.D.;   Systems.
     Spingler, J.C.;   In: Proc.8th ICAA, Copenhagen,
     Schöninger, J.:   March 31th - April 2nd, 1987,
                       S. 53-65.

/63/ Häußermann, S.:   Planung von Mehrstellenarbeit unter
                       Berücksichtigung von Umfeldaufgaben.
                       Stuttgart, Universität,
                       Diss. Dr.-Ing., 1980.

/64/ Warnecke, H.-J.; Musterverarbeitung mit taktilen
     Schweizer, M.;   Sensoren - Konzept eines Modularen
     Schöninger, J.:   Aktiven Greifer-/ Senorsystems MAGS.
                       In: Robotersysteme 3 (1987), S.65-72.

/65/ Spingler, J.C.;   Rechnergestützte Planungsmethoden
     Schöninger, J.;   für die Montagesystemplanung.
     Zeile, U.:   In: Technische Rundschau (1987) Nr.39,
                       S. 172-177.

IPA Forschung und Praxis

Schriftenreihe aus dem Institut für Produktionstechnik und Automatisierung, Stuttgart

Herausgeber: Prof. Dr.-Ing. H. J. Warnecke

Datenerfassung im Produktionsbereich
Von E. Bendeich. ISBN 3-7830-0117-8.
1977, 176 Seiten, kartoniert.   54,— DM

Methodenauswahl für die Materialbewirtschaftung in Maschinenbau-Betrieben
Von H. Graf. ISBN 3-7830-0136-6.
1977, 144 Seiten, kartoniert.   54,— DM

Systematische Auswahl von Förderhilfsmitteln für den innerbetrieblichen Materialfluß
Von W. Rau. ISBN 3-7830-0139-0.
1977, 103 Seiten, kartoniert.   40,— DM

Grundlagen zur Planung von Ersatzteilfertigungen
Von E. Schulz. ISBN 3-7830-0138-2.
1977, 98 Seiten, kartoniert.   40,— DM

Rechnerunterstützte Fabrikplanung
Von B. Minten. ISBN 3-7830-0116-1.
1977, 124 Seiten, kartoniert.   38,— DM

Eine Planungsmethode für automatische Montagesysteme
Von H.-G. Löhr. ISBN 3-7830-0120-X.
1977, 108 Seiten, kartoniert.   32,— DM

Planung und Bewertung von Arbeitssystemen in der Montage
Von H. Metzger. ISBN 3-7830-0131-5.
1977, 108 Seiten, kartoniert.   40,— DM

Klassifizierungssystem für Prüfmittel der industriellen Längenprüftechnik
Von R. Czetto. ISBN 3-7830-0144-7.
1978, 181 Seiten, kartoniert.   64,— DM

Rechnerunterstützte Montageplanung
Von O. Hirschbach. ISBN 3-7830-0149-8.
1978, 146 Seiten, kartoniert.   52,— DM

Rechnerunterstützte Entwicklung von Simulationsmodellen für Unternehmensplanspiele
Von A. Moker. ISBN 3-7830-0147-1.
1978, 181 Seiten, kartoniert.   64,— DM

Arbeitsplatzanalysen zur Ermittlung der Einsatzmöglichkeiten und Anforderungen an Industrieroboter
Von G. Herrmann. ISBN 37830-0151-X.
1978, 113 Seiten, kartoniert.   40,— DM

MFSP — Ein Verfahren zur Simulation komplexer Materialflußsysteme
Von G. Stemmer. ISBN 3-7830-0118-8.
1977, 140 Seiten, kartoniert.   60,— DM

Berührungslose Erkennung durch Positionsbestimmung von Objekten durch inkohärent-optische Korrelation
Von M. König. ISBN 3-7830-0137-4.
1977, 110 Seiten, kartoniert.   40,— DM

Auslegung von Störungspuffern in kapitalintensiven Fertigungslinien
Von R. v. Stetten. ISBN 3-7830-0140-4.
1977, 154 Seiten, kartoniert.   56,— DM

Flexible Transportablaufsteuerung
Von G. Römer. ISBN 3-7830-0114-5.
1977, 188 Seiten, kartoniert.   60,— DM

Rechnergestützte Realplanung von Fabrikanlagen
Von T.-K. Sauter. ISBN 3-7830-0119-6.
1977, 108 Seiten, kartoniert.   32,— DM

Systematisches Auswählen und Konzipieren von programmierbaren Handhabungsgeräten
Von R. D. Schraft. ISBN 3-7830-0115-3.
1977, 108 Seiten, kartoniert.   32,— DM

Auslandsproduktion
Von W. Cypris. ISBN 3-7830-0145-5.
1978, 126 Seiten, kartoniert.   42,— DM

Wirtschaftlicher Einsatz von Mehrkoordinatenmeßgeräten
Von M. Dietzsch. ISBN 3-7830-0148-X.
1978, 142 Seiten, kartoniert.   52,— DM

Fertigungssteuerung bei flexiblen Arbeitsstrukturen
Von K.-G. Lederer. ISBN 3-7830-0146-3.
1978, 128 Seiten, kartoniert.   42,— DM

Untersuchungen zum Polieren und Entgraten durch elektrochemisches Oberflächenabtragen
Von K. Zerweck. ISBN 3-7830-0150-1.
1978, 110 Seiten, kartoniert.   40,— DM

IPA Forschung und Praxis

Berichte aus dem Fraunhofer-Institut für Produktionstechnik und Automatisierung, Stuttgart, und dem Institut für Industrielle Fertigung und Fabrikbetrieb der Universität Stuttgart

Herausgeber: Prof. Dr.-Ing. H. J. Warnecke

IPA-IAO Forschung und Praxis

Berichte aus dem Fraunhofer-Institut für Produktionstechnik und
Automatisierung (IPA), Stuttgart, Fraunhofer-Institut für Arbeitswirtschaft
und Organisation (IAO), Stuttgart, und Institut für Industrielle Fertigung
und Fabrikbetrieb der Universität Stuttgart

Herausgeber: Prof. Dr.-Ing. H. J. Warnecke und Prof. Dr.-Ing. H.-J. Bullinger

95 **Qualifizierung an Industrierobotern**
    Von Wolfgang Bachl. ISBN 3-540-17018-9.
    1986, 218 Seiten mit 30 Abbildungen.   68,– DM

96 **Rechnersimulation des Beschichtungsprozesses beim Elektrotauchlackieren –
    Anwendung zum Berechnen des Umgriffs**
    Von Otto Baumgärtner. ISBN 3-540-17102-9.
    1986, 113 Seiten mit 42 Abbildungen.   68,– DM

97 **Ergonomische Gestaltung von Rotationsstellteilen für grob- und sensomotorische Tätigkeiten**
    Von Werner F. Muntzinger. ISBN 3-540-17247-5.
    1986, 135 Seiten mit 51 Abbildungen und 33 Tabellen.   68,– DM

98 **Die optische Rauheitsmessung in der Qualitätstechnik**
    Von R.-J. Ahlers. ISBN 3-540-17242-4.
    1986, 133 Seiten mit 56 Abbildungen und 2 Tabellen.   68,– DM

99 **Maschinelle Spracherkennung zur Verbesserung der Mensch-Maschine-Schnittstelle**
    Von Gerhard Rigoll. ISBN 3-540-17350-1.
    1986, 134 Seiten mit 55 Abbildungen.   68,– DM

100 **Konzeption und Auswahl modularer Magazinpaletten**
    Von Thomas Zipse. ISBN 3-540-17584-9.
    1987, 126 Seiten mit 54 Abbildungen.   68,– DM

101 **Anschlüsse an Kupferrohre – Herstellung und Automatisierungsmöglichkeit**
    Von Eberhard Rauschnabel. ISBN 3-540-17807-4.
    1987, 120 Seiten mit 88 Abbildungen.   68,– DM

102 **Mengen- und ablauforientierte Kapazitätsplanung von Montagesystemen**
    Von Hans Sauer. ISBN 3-540-17815-5.
    1987, 156 Seiten mit 64 Abbildungen.   68,– DM

103 **Verfahrensinstrumentarium zur Werkstückauswahl und Auslegung von Industrieroboterschweißsystemen**
    Von Herbert Gzik. ISBN 3-540-17928-3.
    1987, 138 Seiten mit 56 Abbildungen.   68,– DM

104 **Integration von Förder- und Handhabungseinrichtungen**
    Von Joachim Schuler. ISBN 3-540-17955-0.
    1987, 153 Seiten mit 61 Abbildungen.   68,– DM

105 **Produktionsmengen- und -terminplanung bei mehrstufiger Linienfertigung**
    Von H. Kühnle. ISBN 3-540-18038-9.
    1987, 124 Seiten mit 25 Abbildungen.   68,– DM

106 **Untersuchung des Plasmaschneidens zum Gußputzen mit Industrierobotern**
    Von Jong-Oh Park. ISBN 3-540-18037-0.
    1987, 142 Seiten mit 70 Abbildungen.   68,– DM

107 **Fügen von biegeschlaffen Steckkontakten mit Industrierobotern**
    Von Daegab Gweon. ISBN 3-540-18134-2.
    1987, 115 Seiten mit 13 Abbildungen.   68,– DM

108 **Entwicklung eines biomechanischen Modells des Hand-Arm-Systems**
    Von Georgios Tsotsis. ISBN 3-540-18135-0.
    1987, 163 Seiten mit 45 Abbildungen.   68,– DM

109 **Ein Beitrag zur Planungssystematik für die automatisierte flexible Blechteilefertigung**
    Von Thomas Weber. ISBN 3-540-18136-9.
    1987, 149 Seiten mit 56 Abbildungen.   68,– DM

110 **Entwicklung eines Meßverfahrens zur Bestimmung des Positionier- und Orientierungsverhaltens
    von Industrierobotern**
    Von Günter Schiele. ISBN 3-540-18137-7.
    1987, 116 Seiten mit 48 Abbildungen.   68,– DM

111 **Schwingungsbelastung beim Arbeiten mit handgeführten, einachsigen Motormähgeräten**
    Von Peter Kern. ISBN 3-540-18193-8.
    1987, 145 Seiten mit 43 Abbildungen und 5 Tabellen.   68,– DM

112 **Entwicklung eines berührungslosen Tastsystems für den Einsatz an Koordinatenmeßgeräten**
    Von Hie-Sik Kim. ISBN 3-540-18578-X.
    1987, 111 Seiten mit 62 Abbildungen und 4 Tabellen.   68,– DM

113 **Qualifizierung an Industrierobotern – Ziele, Inhalte und Methoden**
    Von Volker Korndörfer. ISBN 3-540-18618-2.
    1987, 318 Seiten mit 100 Abbildungen.   68,– DM

114 **Funktional und räumlich variables und modulares Laborgerätesystem**
    Von Alfred Mack. ISBN 3-540-18786-3.
    1988, 116 Seiten mit 39 Abbildungen.   73,– DM

115 **Produktrecycling im Maschinenbau**
    Von Rolf Steinhilper. ISBN 3-540-18849-5.
    1988, 167 Seiten mit 50 Abbildungen.   73,– DM

116 **Integration der montagegerechten Produktgestaltung in den Konstruktionsprozeß**
    Von Rudolf Bäßler. ISBN 3-540-19058-9.
    1988, 133 Seiten mit 49 Abbildungen.   73,– DM

117 **Ein Algorithmus zur kapazitätsorientierten Bildung von Losen**
    Von Tilmann Greiner. ISBN 3-540-19300-6.
    1988, 135 Seiten mit 37 Abbildungen.   73,– DM